了凡四训 的 智慧

宋广辉 著

台海出版社

图书在版编目（CIP）数据

了凡四训的智慧 / 宋广辉著 . -- 北京：台海出版
社 , 2024. 11. -- ISBN 978-7-5168-4037-5

Ⅰ . B823.1-49

中国国家版本馆 CIP 数据核字第 2024KS1307 号

了凡四训的智慧

著　　者：宋广辉

责任编辑：徐　玥　　　　　　　封面设计：朱志浩
策划编辑：高净喆　杨中秋

出版发行：台海出版社
地　　址：北京市东城区景山东街 20 号　　邮政编码：100009
电　　话：010-64041652（发行，邮购）
传　　真：010-84045799（总编室）
网　　址：www.taimeng.org.cn/thcbs/default.htm
E - m a i l：thcbs@126.com

经　　销：全国各地新华书店
印　　刷：固安兰星球彩色印刷有限公司
本书如有破损、缺页、装订错误，请与本社联系调换

开　　本：710 毫米 × 1000 毫米　　1/16
字　　数：192 千字　　　　　　　印　　张：16.5
版　　次：2024 年 11 月第 1 版　　印　　次：2024 年 12 月第 1 次印刷
书　　号：ISBN 978-7-5168-4037-5

定　　价：55.00 元

目 录

前 言   1

第一章 "立命之学"解读   1

一、不为良相，但为良医   1

二、远离权力的游戏   3

三、时代的一粒灰落下来   7

四、行医传家的"草根"，有一位官至内阁首辅的门生   11

五、圣贤教育立家训，曾祖父忠于妻子晚年"守节"   18

六、祖父继承两家绝学，中断行医"抢救历史"   23

七、书香药香，熏陶雅致家庭   29

八、父亲"一草一木未尝轻折"   33

九、代际传承的职业操守：十事须知与八事须知   39

十、父亲朋友圈里有王阳明师徒   44

十一、几代长辈都能善终 49

十二、贵人指路：孩子将来有前途 52

十三、读书到深夜，"学霸"有强大的自驱力 56

十四、应试之路无惊喜，一步一步全被算准 61

十五、一心静坐不读书，国子监里要"摆烂"？ 66

十六、深入灵魂的"栖霞对话" 69

十七、功过格：道德自律的数字化管理 79

十八、名字有讲究，改名便不同 86

十九、考试改变命运，算命的预测不准了 89

二十、三千善行，历十余年 94

二十一、明朝进士告诉你如何老当益壮、求子得子 97

二十二、在考试中磨砺，在教辅书中传道 102

二十三、宝坻八百年最优秀知县怎么治理烂摊子 109

二十四、"为官功过格"与一份深刻的工作检讨 116

二十五、清廉官员的神奇"感应" 127

二十六、世间祸福，多是咎由自取 136

二十七、留给孩子最珍贵的遗产是什么 139

二十八、一代奇才的成就与遗憾 145

二十九、不要再去算命了，你的命运你做主 152

第二章 "改过之法"解读   155

    一、发好三种心   155

    二、走好三条路   164

第三章 "积善之方"解读   172

    一、案例指导，同时代的模范   172

    二、八条理论辨析，看你行善还是造孽   194

    三、十类操作方式，总有一款适合你   211

第四章 "谦德之效"解读   232

后记：这个世界会好吗？先去改变自己吧！   247

参考书目   251

代际传承高阶心法

践行自律精细管理

积累能量重塑人生

前言

中国几千年历史中，能文能武的人不少，做过地方官员政绩卓著，又进入军队系统御敌于国门之外的，也不是没有。如果这样优秀的官员，退出官场之后，又成为优秀的学者，身兼天文专家、历法专家、地理专家、水利专家、农业专家、音律专家、教育专家，还擅长医术能给人看病……这样的复合型人才，这样的跨学科"学霸"，历史上确有其人吗？还真有。

了凡先生就是这样的人。他有着改变命运的传奇人生，身后又留下"中国第一励志奇书"——《了凡四训》，激励着千千万万不屈服于命运的人。其中，包括政界巨子曾国藩、商界巨子稻盛和夫。拜读《了凡四训》之后，曾国藩把自己的雅号改为"涤生"，民族英雄林则徐手录《了凡四训》的警句，时时提醒自己。有"日本经营之圣"美誉的当代著名企业家稻盛和夫也是了凡的"粉丝"，他早年学习《了凡四训》，深深服膺，顿悟人生活法，用以指导修炼自己与管理企业，一手缔造两家世界500强企业。

了凡命运坎坷，晚年登第，55岁才当上知县的了凡，施展出惊人的治理才能，将一个贫困县治理得井井有条，成为宝坻建县八百多年来公认的优秀知县。他在天津沿海的盐碱荒滩地区成功试验和推广了南方水稻品种的种植，成为中国"南稻北种"的第一人。他又凭着优秀的军事谋略被调入兵部，参与了大明抗倭援朝的战争，负责文件的起草、战略的谋划和后勤的调度。

了凡是被历史烟尘掩盖光芒的人。他有着非凡的学术勇气，敢于对占据权威主流地位的朱子理学提出批评意见，敢于对哲学教科书级别的朱熹《四书章句集注》进行大刀阔斧的删改，他为阳明心学的传播推波助澜，也对儒释道三大体系的文化融合尽其所能。朱熹的徒子徒孙不喜欢这些"异端"们吸取佛教、道教理论精华后对朱子理学的批判。了凡遭到儒家正统卫道士的打压，甚至有人把他与同时代以狂生形象闻名的思想家李贽相提并论。

对于了凡卓越的政绩，以及渊博的学问，哪怕是同时代视其如仇寇的儒生夫子们，也无法否认。了凡严格的道德自律，以及积极的慈善行为，在匡扶世道人心方面有着积极的劝善作用，更被越来越多的人所推崇和效仿。他留给后人的精神遗产，被整理为《了凡四训》，成为中华文化宝库里的经典，对海内外华人的精神品格和文化心理有着深远的影响。

作为中华优秀传统文化的继承者和弘扬者，作为优秀的家庭教育家和道德实践家，作为中国学者型官员清廉自守的楷模，了凡的精神值得人们去学习。中央电视台在 2016 年 9 月，发布了《了凡家风》的纪录片，广受好评。

如此优秀的人物，值得我们去了解和学习。许多人并不知道，了凡也曾有过心如死灰的"至暗时刻"，那是作为贡生被推荐进京就读国子监之后，他整天静坐，不再读书，仿佛命运就像孔先生所预测的那样，每一步都很准确。既然命已如此，自己努不努力似乎都一个样。既然后面是做知县、短寿、无子的戏码，实在乏味至极，努力又有什么意思？拼搏又有什么必要？万念俱灰之下，他心里居然连一丝妄念都没有，很多修行人打坐多年，都很难达到这种一丝妄念都不起的境界。后来在南京栖霞寺被一位禅师点拨，他猛然惊醒，从此在因果法则（行为反作用力法则）的指导下，积德修善，并坚持每天写"功过格"记录自己道德自律的日常实践。经过不懈的努力，了凡终于扼住命运的咽喉，重构了自己的人生轨迹！

了凡"逆天改命"的故事，激励着后世千千万万的中国人。

他是一位优秀的官员，也是一个优秀的学者。在家庭角色上，他是一个优秀的儿子、丈夫和父亲。在社会角色上，他是值得信赖的朋友和老师。

了凡还是一位近乎圣贤的君子，善良、正直、诚实、勇敢、勤奋、谦虚、慷慨、节制、宽容……人类所有的美德，都能在他身上得到体现。而具备这些美德，已经接近圣贤。

圣贤们即使活得很平凡，但也不是普通的人。他们的道德勇气和人格魅力所散发的光芒，足以照亮身前和身后的时空，为芸芸众生带来慰藉和指引。

千百年来，以圣贤为榜样、成为像圣贤一样的人，一直是很多人追求的目标。许多人的名字里甚至都带着"贤""圣""希贤""希圣"这样的字眼。

成圣贤，首先要成为一个"君子"。在中国传统文化价值体系里，"君子"是知识分子的基本人格要求。做君子并不是一件容易的事情，口号可以天天挂在嘴边，但在实践中有些人往往搞的是另一套——毕竟做一个有道德的人，就意味着和许多欲望做斗争。当道德与个人利益面临两难选择的时候，我们该怎么选呢？精致的利己主义者，往往会舍弃道德要求。攻击儒家价值观的人们，经常会说读圣贤书并不能立德，儒家培养了太多的伪君子。其实，任何理论价值体系的拥护者，都有可能出现伪君子。

了凡是知行合一的典范，他有高度的道德自省和自律，他用一言一行践行着自己信奉的价值观。从中国传统文化所倡导的原则看，他称得上是一个真君子。真君子已经接近了圣贤。

圣贤并非高不可攀。圣贤也曾是普通人，所有把"圣贤"摆得高高的，刻意把圣贤与普通人对立起来，刻意标榜自己是有别于圣贤的普通人，无非都是为自己较低的道德底线做掩饰。讨厌伪君子们的道德说教、道德绑架，并不意味着要反对道德本身。了凡不喜欢某些鼎鼎大名的权威专家的言论与行为，他不喜欢"假、大、空"的东西。但一个人走向生命终点，开始向自己的后代亲人交代临终遗言的时候，说些什么才好呢？

了凡回顾自己的一生，饱含着父亲的慈爱和君子的正直，向儿子传授了简约而不简单的秘诀——不要相信命运的束缚，你完全可以做自己命运的主人；逆天改命的秘诀，就是遵循"善有善报、恶有恶报"这一"行为反作用力法则"，积极改过，勇敢行善，做一个有道德的人——因为"厚德载物"，世间所有的幸福，都要靠厚德来承载。

一

不为良相，但为良医

让我们打开《了凡四训》这部传世经典，先看第一句——

余童年丧父，老母命弃举业学医，谓可以养生，可以济人，且习一艺以成名，尔父夙心也。

短短几句话，信息量很大。开篇首句讲述了自己人生命运的悲惨开局。

父亲去世的时候，了凡才 14 岁，尚未长大成人。可以说，他得到的父爱是不够完整的。人生四大悲剧"幼年丧母、少年丧父、中年丧妻、晚年丧子"，了凡不幸命中其一。父亲去世之后，他要承担起家庭的责任，至少要在心理上提前进入成年人的角色。

了凡的父亲名叫袁仁，是生活于明代中期浙江嘉善县的一位医生，他一共生有五个儿子，了凡排行老四，被父亲寄予厚望。

父亲不在了，母亲还在世，用现在的话讲，母亲是他的"监护人"，家里的事情母亲说了算，当然也包括孩子的学业。同龄人在学堂里琅琅读书时，了凡只能背着筐子去山里采集各类野生的植物，回家后再加工成药物。几年后，同龄人可能考场得意，进入仕途，到更广阔的世界追逐梦想、挥洒才情，而他大概率会成为一位坐堂的医生，守着自家的小医馆，日复一日地给人把脉、开药，一辈子也离不开方圆几十里的天地。了凡有理由感到委屈，至少他不希望自己的人生一眼就看到了尽头。

母亲忠实地执行着丈夫的遗愿——让孩子学医，放弃为了科举考试而读书的道路。

母亲苦口婆心地教导儿子：学医可以谋生，可以帮助别人，让孩子拥有这一专业技能，并得到相应的名声与职业荣誉，是他父亲由来已久的心愿。

身为人子，有义务完成父亲的遗愿，这是中华民族孝道美德的基本要求。

这是一个职业选择的代际传承样本：世代行医，父子相传。袁家已经从了凡的曾祖父起，往下传了三代，父亲期待了凡扮演好第四代继承人的角色。

除了将谋生作为前提之外，父亲特别看重这个职业对社会大众的救助功能，以及建立在口碑之上的职业声望。父辈有高标准的道德追求和荣誉感，对于年幼的了凡而言，这是可以理解的，但他仍然会有一丝不解——为什么非要学医，当官不好吗？

千百年来，通过科举考试去做官，是中国知识分子的普遍追求。知识分子地位很高，"士农工商"这几大社会群体里面，读书人排第一。读书人以参加科举考试、成为仕途队伍的新鲜血液为第一要务，出仕为官就可以享受权力、地位，以及相对优越的待遇和荣耀。

但不是所有人都能成为"读书人"，在社会底层贫困线上挣扎的家庭往往连饭都吃不饱，不具备让孩子接受教育的经济基础。得不到接受教育的机会，沦为文盲的人们一代又一代往下传承的，往往是贫穷与愚昧。

了凡出身于平民家庭，日子还过得下去。供养孩子去学堂读书的学费，家里还是出得起的。乡里乡邻的佼佼者中，已经有不少科举成功、光宗耀祖的榜样，为什么不让自己的孩子试一试呢？自己的孩子如此聪慧，为什么要放弃这样的机会？

既然家里不差钱，那就不是钱的事。

对于孩子的职业选择和人生发展，了凡的父亲之所以做出与众不同的安排，源于袁氏家族特殊的命运剧本——那是一段非常悲惨的家族往事，源于一场非常残酷的政治巨变。

二

远离权力的游戏

对孩子职业方向的考虑，体现了袁氏家族几代人传承的政治态度：不求当官，只愿远离权力斗争的舞台。

血泪交织的惨痛家史，让了凡的先祖留下了这条家训。

故事要从"爷爷的爷爷"说起。

了凡"爷爷的爷爷"，名叫袁顺，是生活在江南水乡富裕平民阶层中的一员。他的前辈们原本在中原地区生活，为了躲避战乱从陈州（今河南淮阳）迁徙而来，元朝时定居在浙江嘉善县的陶庄镇。袁顺这一代，生活已经很富足，家里拥有的土地达40余顷。40顷是什么概念呢？明代1顷的标准是100亩，也就是说，袁顺有4000多亩土地的家业。他还拥有祖辈传承下来的上万卷藏书，在小镇的平房里恐怕一个房间都装不下，可见他家房子也不少。作为平民中的绅士，袁顺本可以拥有岁月静好的幸福。但他并不是在安逸时光中混吃等死的人，相反，袁顺在精神思想领域有着较高的追求，他勤于阅读和思考，成为精通儒家经典的学者，也有着儒家知识分子正直、慷慨、勇敢的道德品质。

行善是需要勇气的，追求"义"的过程中往往要损失自己的"利"。遇到灾荒的年份，袁顺会慷慨解囊，组织慈善行动救济吃不上饭的穷人。只要有人遇到紧急的事情找他帮忙，不论寒暑早晚，袁顺都会全力以赴。为了实践儒家的价值理念，他在家乡创办了道德自修的社团，社团成员每天记录自己的善恶行为，并每月提交给其他同修，互相勉励、互相监督以促进共同进步。这个社团每月聚会并不按年龄和社会身份排座位，只看各人行善的多寡难易。在这样的氛围熏陶之下，大家以圣贤为榜样，道德修养得到不断的提升。社团里有一个名叫杨任的退休官员，和袁顺往来密切，他们后来都为自己遵奉的道德价值理念，付出了巨大的代价。

袁顺精通《周易》，擅长预测，因讲解《易经》而被地方学养深厚的官员激赏。苏州府知府姚善成了他难得的知音，想推荐他出来做官，但袁顺谢绝了这位朋友的美意。也许他意识到自己没有官运或命里不宜做官，但其渊博的学识和谦逊的品行，吸引了更多儒家学者型文官的认可，其中包括皇帝身边最信任的近臣。袁顺在当时的京城游历时，朋友圈进一步拓展，见过面的朝廷高官都对他相当敬重。关键时刻，袁顺是值得信任和托付的君子——他给朋友们留下这样的印象，也给自己埋下了灾难的种子。

平静的生活很快被打破。一场席卷明朝的政治风暴开始改变众人的命运。年轻的皇帝不幸失踪，北方的藩王入主京城。袁顺成为旧君王的忠臣们积极联系的对象，昔日的天子近臣黄子澄，以及苏州府知府姚善，努力招募军队，组织力量与新君做抗争。袁顺为他们积极奔走，并参与了相关行动的谋划。很不幸，这一派政治势力已经在惊涛骇浪中翻船，所有企图挽救危局的人，都可能被风浪吞噬。

在皇权面前，平民的命如蝼蚁，何况是贴上"叛逆"标签被打入另册的重罪之人。与袁顺交好的旧臣不肯向新皇帝投降，纷纷被逮捕处以极刑。与黄子澄、姚善、王叔英等知名"罪臣"的密切往来，成为袁顺参与叛逆一党的罪证。官兵连夜执行着秘密的抓捕，袁顺的好友杨任被押到京城，全族尽灭。袁顺因外出不在家里，逃过一劫。他把妻子安置到舅舅家里之后，孤身逃亡，躲到与家乡隔湖相邻的苏州吴江。

政治理想和愿景的破灭，让袁顺感到绝望。留下悲壮的绝命诗之后，他想效仿屈原投江自尽，却被一家吴姓居民救起。身为通缉犯，袁顺本不愿再连累他人。但吴家兄弟也和袁顺同样有着仁义为重的道德勇气，甘愿冒着被官府抄家灭门的风险而收留他。躲在外面的袁顺幸免于难，而留守在家的儿子儿媳和年幼的小孙子，则被流放到遥远的北平，发配充军，这是近乎死刑、没有期限的永久性刑罚。家里的田地、房屋，以及上万卷藏书，统统被官府没收，数百年家族积累传承的产业，就这样转眼间改变了主人。

在吴江藏身几个月后，袁顺又冒着生命危险赶赴几百里外的江西省，寻访已经杀身成仁的大臣黄子澄的遗孤，并带着这个苦命的孩子躲到更远的湖北省咸宁地区，一躲就是十年。自己的儿孙正在遥远的北方边境军营里以罪犯之身受苦，生死难料，袁顺唯一能做的，就是隐姓埋名，与朋友的遗孤相依为命。如果已经殉难的黄子澄生前有过托付，显然他选对了托付之人——袁顺用行动践行了对朋友的承诺。如果对方生前并没有向他托付，那么，袁顺主动恤孤护幼的行为则更为难得。朋友做到这份儿上，称得上是"侠肝义胆"。

1413 年，永乐皇帝发出诏令，不再追究以前反对他登上皇位的"罪人"们。不再追究意味着收手不再抓人，并不是自己认错了，并不是给已经打倒的对象平反昭雪，正在服刑和被打入贱籍的罪臣家属也没有得到赦免，但政治氛围总算是松动了。在黑暗中躲藏的人们，终于可以悄悄地走到阳光之下。朋友的遗孤已经长大，可以独立生活，袁顺与之分别，他老家毕竟还有亲人需要照顾。回到故乡后，袁顺从亲戚家里接回劫后余生的妻子，二人从此在吴江地区定居。次年，了凡的曾祖父袁颢出生。

颠沛流离多年以后，袁顺的意气风发一去不返。到了凡的曾祖父袁颢这一代，便留下了不求出仕，远离官场的家训。

按照中国古代的传统价值观标准，出仕为官要比从事任何职业都更有前途，但了凡的祖辈几代人不得不隐忍地活着。别人恨不得削尖脑袋往里钻的政治舞台和权力游戏，他们却要躲得远远的。因为，实在伤不起。

三

时代的一粒灰落下来

最有权力、最有能量的人，也保证不了代际传承的圆满。在中国古代历史上，雄才伟略的皇帝们也曾为这件事情犯愁，皇帝的宝座传给哪个儿子？政治掌控力再强，都未必能把权力交接这一大事办好。皇权帝位的交接，经常伴随着扑朔迷离的阴谋和刀光剑影的故事，影响着朝廷的政局，也影响着广大民众的命运福祉。

袁顺本来是妥妥的人生赢家，拥有祖辈传承的庞大家业，几千亩地，万卷藏书，以及强大的朋友圈，一介平民能与京城重臣惺惺相惜、谈笑风生。这是何等的福报，普通人可望而不可即。然而这一切的幸福，又是何等的脆弱。

了凡"爷爷的爷爷"身上发生的命运巨变，和当时中国皇权帝位的代际传承有着重要的关联。

明朝最有权力的开国皇帝朱元璋，在政治权力的代际交接上，出现了悲情的尴尬。老皇帝本指望把接力棒交给自己的大儿子，大儿子拥有原配正妻第一个儿子——嫡长子这样的优越身份，嫡长子未必一定是德行能力最优秀的，但在中国代际传承的宗法序列里，嫡长子的优先级排在第一位。朱元璋的嫡长子名叫朱标，自小就被父亲寄予厚望，安排明师培养。朱标也以优秀的表现，证明他没有辜负父亲的期待。他能力突出，战功赫赫，品行和资历深受各方政治势力的一致认可。为了保证皇权顺利交接，朱元璋登上皇位那年就明确了大儿子作为权力接班人的政治身份——太子。在中国历史上，有的皇帝在位时间很长，太子迟迟不能接班，甚至还会被其他的政治势力干扰，最终帝位旁落。这些潜在的政治风险，在大明王朝第一届太子朱标的身上根本不存在。父亲给了他足够的信任和支持，尽力扫清了儿子接班问题上的障碍。朱标的太子地位没有挑战者，接班只是时间问题，可以说是众望所归。但不幸的事情还是发生了。在皇帝步入晚年的时候，太子却先行一步，因病身亡。这就是代际传承的典型悲剧——接力棒传不下去了，准备接力的人没了。

悲痛的老皇帝在权力的交接上，只能进行新的选择。他有一堆儿子，许多儿子都能力突出，宝座要交给谁呢？从能力和资历上讲，驻守在北方边境的燕王朱棣似乎是不错的人选。但老皇帝把目光放在了太子的儿子，也就是自己的皇孙身上。

爷爷想栽培孙子，本身也不是不可以。问题是隔代传承在中国皇权交接的历史上，结局都不太理想，新继位的皇帝年纪尚小，能力还不足以担得起治理国家的重托。22岁继位的建文皇帝朱允炆，虽然已经长大，但在人生阅历和经验上，还有很大的短板，这就导致老皇帝交给他的皇权没能守住太长时间。

老皇帝是穷苦出身，来自社会的底层，经常吃不饱饭，所以他痛恨欺压百姓的贪官污吏。领着一批造反的农民成功实现人生逆袭之后，他对治理国家的官僚集团高度警惕。作为明朝的开国皇帝，朱元璋以"铁血手腕"闻名。除了杀掉对皇权有威胁的功臣之外，他还对涉贪的官员痛下杀手。根据史料记载，朱元璋在位31年，六次大规模肃贪风潮共杀掉约15万人，这里面有许多人是无辜的。22岁的朱允炆继承皇位之后，实施了一系列宽仁的政策，减轻刑罚，纠正错案，减免赋税，减轻百姓的负担。内阁官员里有一群正直的儒士，忠心耿耿地为年轻的皇帝献计献策、保驾护航，举国上下都能感受到新君继位之后的风气转变。乐观的臣子们似乎可以得出结论——在皇权的代际传承上，老皇帝选对了人。但这个结论未免下得太早。新皇帝自己都对皇权的稳固性充满担忧，毕竟老皇帝还给他留下了一大群叔叔，其中有些人野心勃勃，并且实力雄厚。

在削弱地方藩王势力、清除皇权潜在威胁的节奏上，年轻的皇帝显得有点急躁，他甚至逼死了自己的一位王叔。老皇帝一共有26个儿子，其中18个儿子分封在各地，父亲不在了，继位的是他们年幼的侄子，他们有可能从中央皇权的支持者、拱卫者，变成有威胁的挑战者。新皇帝的削藩策略出现严重的失误，给最强大的对手发动战争留下了大量的准备时间。经过几年的厮杀，燕王从遥远的北方一路杀进京城，大明王朝的政治格局变天了。

一个是老皇帝的儿子，一个是老皇帝的孙子。朝堂上原有的文官们该如何选择自己的政治站位呢？许多人并没有选择向新上位的永乐皇帝效忠，在他们看来，这样的乱臣贼子，不配当皇帝。

不肯改变效忠对象的大臣们，遭到了无情的清洗。一人有罪，诛灭亲族，甚至连街坊邻居、朋友、学生都不放过。与罪臣说过一句话，确认过眼神，都可能会被株连。正是在权力大清洗的背景下，许多政治势力失去了权力，许多名门望族受到了牵连，各类资源的代际传承也被迫中断。

类似袁顺那样卷入政治风浪的家族，仅仅在浙江嘉善地区，就有70多个，满门被灭之后，家族传承彻底断绝。假如他们选择向新上位的胜利者效忠而不是反抗，应该都能活下来，还能保有原来的地位和财富。

几百年后的人们审视前人的选择时，或许觉得他们有点愚忠。

都是姓朱的当皇帝，外人操那么多心干啥？朱家的天下，皇帝谁当不是当？

但是，按照那个年代的人们所接受的道德标准和价值体系，确实很难欣然接受来自北方封地的王爷杀到京城。因为这有违君臣之道。君臣名分已定，这是法统。违背皇帝的意志，形同造反，此为不忠。作为老皇帝的儿子竞争皇位，违背父亲的安排，也可以说是不孝。一个不忠不孝、无君无父的人，通过起兵夺取皇位，要让全天下臣民都把他当成君父去跪拜，这是不是有点难为人？君子们天天学习忠君爱国的圣贤之道，转头就向乱臣贼子跪拜，书都读到哪里去了？

燕王镇压反对者的手段之残暴，让全天下心惊胆寒。相比之下，人们更喜欢老皇帝钦定的接班人——实施仁政的建文皇帝。

建文皇帝继位之后，深受广大臣民爱戴。这位性情宽厚的皇帝，代表着大明未来的希望，其拥护者有理由相信大明王朝将迎来盛世，子民将迎来幸福的生活。即使他对自己的王叔们有点苛刻，臣民们也能理解那是出于巩固政权的需要。毕竟皇帝还年轻，不能眼睁睁地看着地方势力一天天坐大。从战略上讲，早晚要打，不如早打。既然要削藩，那就应该从最强的藩王开始，不能给他发动战争留下太多的准备时间。可惜皇帝听从了文官们不太聪明的建议：先从阻力最小、身上有污点的藩王下手。在四五位力量弱小的藩王被皇帝关进监狱，甚至有人自杀的时候，北方的燕王终于下定了起兵的决心。年轻的皇帝堪称仁君，而发动战争的挑战者才是雄主，在胆识和勇气上，他们有太大的差距。燕王没有直接说要推翻皇帝的统治，他打出的旗号是帮助皇帝清理身边的小人。这在中国历史上不乏先例。说一千，道一万，在建文皇帝和广大臣民们看来，这就是造反。

如果建文皇帝成功地镇压了燕王的起兵，这场战争会以地方造反者的失败而载入史册。

可惜，历史是由胜利者书写的。1402年夏天，燕王的军队攻进京城，皇宫燃起了大火，年轻的建文皇帝不知所踪。朝廷宣布皇宫里有一具烧焦的尸体就是失踪的建文皇帝本人，民间有流言说建文皇帝并没有死，他只是逃往了海外，也有传言讲建文皇帝跑到了遥远的边境地区出家为僧。无论如何，老皇帝的孙子退出了历史舞台，老皇帝的儿子登上了皇位。永乐皇帝朱棣开始向全天下发号施令，大明王朝第三任皇帝的文治武功从此大放光芒。如果老皇帝一开始就选择这位能干的儿子接班，会不会减少政局动荡带来的国民伤痛呢？历史是没法假设的。时代的一粒灰，落在了凡的祖辈身上，如同一座山。

四

行医传家的"草根"，有一位官至内阁首辅的门生

袁顺结束逃亡，定居吴江县县城所在的松陵镇，以辅导儿童启蒙学习的乡村教师为职业。虽收入不高，勉强糊口，但总算夫妻团圆，生活安定下来了。他们的儿孙，发配充军之后就失去了联系。朝廷的特赦还是没影的事情，儿孙们死在北方边境的军营里是很有可能的。从某种意义上讲，袁顺的家族代际传承面临中断的风险。他与妻子都已经40多岁了，难道就这样老无所依？

或许是照顾忠臣遗孤的功德感动了上天，1414年，袁顺第二个

儿子出生，取名袁颢。

从辈分上讲，袁颢是了凡的曾祖父。他能顺利出生，堪称奇迹，因为母亲已是高龄产妇，身体本来也不够健康。

袁顺带着忠臣遗孤逃难，在家乡千里之外隐居达十年之久，这十年，很难想象妻子王氏是怎么熬过来的。王氏本来是富裕家庭的当家主母，众人羡慕的优越生活戛然而止，突然变成朝不保夕的罪犯家属，屈居在亲戚屋檐之下，忍受着与亲人的别离之苦，丈夫不知音讯，儿子儿媳和年幼的孩子发配充军后也失去了联系……这样的境遇放在普通人身上，可能会导致心理崩溃。谁能承受这样的精神压力，除了在无助中哭泣，她还能做什么呢？长达十年的惊恐、压抑、悲愤、忧愁，摧残着王氏的身体健康。对于步入中年的人来说，能够成功怀孕已是难得，而在此之后，若能平安顺利地迎接新生命的到来，那更是令人赞叹的幸运之事。但王氏并不觉得这是幸运，她的人生已经足够悲苦，未来也看不到什么希望，丈夫归来第二年小儿子的出生并没有让她感到欣喜，相反，她可能因为产后抑郁而忍不住哭泣，以致本就柔弱的身体，健康状况进一步恶化，出现奶水不足的问题。得不到母亲的哺乳，儿子有夭折的风险。假如小儿子养不活，家族传承的希望可能要破灭。

无奈之下，袁顺只能选择将孩子送出去，交给别人做养子是唯一的希望。恰好，邻近的芦墟镇医生徐孟彰的妻子刚生的女儿不幸夭折，有乳汁可以育儿。袁徐两家对彼此的家庭背景和人品做了调查，产生了相互的信任与敬重。就这样，袁颢被送出家门，成为徐家的养子。孩子能健康成长，是袁顺夫妇共同的心愿，他们并不介意孩子送出去之后改姓为徐，毕竟徐家对孩子有养育之恩，情同再造。孩子自小能在徐家学医，已经是不错的人生际遇。

1424 年，永乐皇帝朱棣在对漠北地区的第五次远征途中去世，太子朱高炽继承皇位。朱棣也面临皇位代际传承的烦恼，大儿子朱高炽体形肥胖，而且腿瘸，不符合中国历史传统对太子的形象期待。朱棣对太子不是很喜欢，曾对战功赫赫的二儿子做过暗示性鼓励：好好干，太子身体不行。但朱高炽拥有嫡长子的身份，又有仁厚贤达的品性，无论立长或立贤，他都是不二人选。朱棣死后，行军大营里的忠臣们秘不发丧，悄悄地把继位诏书送往京城。紫禁城里的皇权代际转移顺利完成之后，改变袁氏家族命运的新时代终于到来。

朱高炽在位不到一年，却赢得了后世很高的评价。他停止了永乐皇帝穷兵黩武的政策，让国民休养生息，并且废除了许多苛政，平反了大量冤狱。朱高炽还下旨赦免了建文皇帝的旧臣家族，要求各家留下一名男丁继续守卫边境，其他人都可返乡。袁顺的大儿子袁颢并没有因为这场大赦而返回家乡，但笼罩在袁家头上的政治乌云从此散去，袁顺终于可以重新以自己的本来姓名回到家乡，接收朝廷归还的财产。

二十多年过去了，袁顺重返嘉善陶庄祖居，昔日的家族盛景已经看不到了。朝廷发回的土地是原有的十分之一，祖宅大都被拆毁，仅有镇上数十间平屋。值得欣慰的是，朝廷归还了抄家没收的藏书，这应该是袁家最宝贵的财产了。

家族振兴的希望，寄托在年幼的袁颢身上，他改回了袁姓。徐家辛辛苦苦养了十年的孩子，就这样走了实在舍不得。最终，袁颢入赘徐家，与徐家第二个女儿结为夫妻，继承了徐家的家业和医术。袁顺临终时将陶庄田产传给袁颢，袁颢并未接收，而是将祖辈们传下来的土地分给在当地生计艰难的袁氏同族。他从父亲那里继承了万卷藏书，何况，他还继承了父亲的"学霸"天赋，前辈的给予已经太多，足够他开创一番新局面。

18岁那年，袁颢认为自己已经具备踏上科举仕途的实力，准备参加县里的考试。但是父亲袁顺劝告他：做个良民即可，虽然不走仕途，但还要继续读书，通过读书来探究世间的真理。

遵从父亲的意愿，袁颢放下了对科举考试的向往，再拿起书本阅读时，由于没有功名得失的利益驱动，他反而对圣贤们的教诲有了更为通达深刻的领悟，从此明白科举考试的功利性驱动，对读书人误导太多、贻害太多。

袁颢不参加科举，做官的机会就断了。他在基层管理体系里唯一出现过的职务身份，是里长。袁颢名列吴江二十九都二副扇一册里长。一个特殊的因缘，他还在嘉善县名列里长，尽管他入赘徐家之后就是标准的吴江人了，人也不在嘉善居住，但他父亲袁顺在嘉善。宣德五年（1430）嘉善设县，县城选址产生意见分歧。袁顺是嘉善知名的精通周易风水的学者，乡贤们纷纷登门，希望他能给出个主意，但袁顺已经年老多病，不便出门，就把任务交给了儿子袁颢。袁颢乘船进行全县范围的大规模地理勘察——一百多年后，他的曾孙了凡也在嘉善县城有过类似的勘察，当时倭寇入侵抢掠，焚烧了嘉善县衙，了凡受邀参加修筑嘉善县城的勘察规划。这或许是拥有地理专业知识的袁氏家族所传承的特殊使命——袁颢从交通便利、经济和治安环境等方面，说服巡抚南畿、浙江的大理寺卿胡㮚定址魏塘镇，改变嘉兴知府齐政原定西塘的方案。大理寺卿胡㮚对袁颢非常欣赏，嘉善新设为县，基层需要贤能之人出面做事，经他推荐，地方通过了袁颢为嘉善县下保东区（陶庄）一册一甲里长的任命。

归属南直隶苏州府下辖的吴江县是袁颢出生和成长的故乡，归属浙江省嘉兴府下辖的嘉善县是父亲的故乡、先辈宗亲栖居之地，特殊的身世际遇让他在两地都有里长的身份与职责，但这并非正式官员，也没有工资俸禄——算不上什么荣耀的差使。明朝规定以 10 户为一甲，其中一户为甲首，110 户为一里，丁粮最多的 10 户为里长，10 名里长以十年为一个周期轮流应役，先后顺序根据丁粮的多少进行排序，每年由 1 名里长率领 10 名甲首应当差役。可见，甲长、里长都是跑腿听差这样的基层角色，带有强制徭役的性质，不干也得干，同时也有一部分实实在在的行政管理权力。其主要职责是督促百姓缴纳钱粮赋税，还要维持地方治安、协助抓捕犯人、调解民间纠纷，除了对户籍、人口、土地进行定期的调查统计和造册上报，他们要管的事情还包括祭祀等。尽管袁颢的道德人品得到当地官府民众的一致认可，但他成为本土基层社会的贤达精英，并不是因为"里长"这一身份，而是他作为优秀学者和医生积累的口碑。

学医行医，是袁顺、袁颢父子给后代谋划出路时得出的最优选择。他们一致认为，医生这个职业接近圣贤的仁义之道，既能救人行善，又能安身养家，子孙们从事这个职业，将为家族的血脉延续和绝学传承提供福德上的承载。

袁顺是嘉兴知名的经学专家，精通《易》《诗》《书》《春秋》三传、三礼等儒家经典。《易经》被尊为儒家"六经之首"，中国现代哲学家冯友兰总结说："《易经》可以称之为宇宙代数学。"袁顺青年时期就以讲解《易经》成名，他不以卜筮为业，但他教出的学生胡浚以精准无比的预测而名震京城。

中国历史上许多赫赫有名的学者和官员，包括行军打仗的将帅，都在周易术数预测方面有很深的造诣。只要人们还不能完全掌握自己的命运，对未知前途的迷茫和窥探天机的好奇，便会驱动大家对占卜预测的强烈需求。儒家经典的易经，与天文、地理、医学、兵法等领域都有深度的关联，被中国古代知识分子痴迷研究。由于人才辈出，周易术数预测领域涌现出大量的学术成果和学术流派。支撑周易预测应用理论的核心逻辑，是中国传统的"天人合一"世界观，天文星象、地理环境发生的自然变化，与人世间的政治动态、社会变化密切相关，五行阴阳学说为周易预测提供了基础的方法论。这是中华文明的源头智慧，既有抽象理论又有具体应用的高维学问，需要相当的知识底蕴才能入门。

袁顺父子都是有着较高天赋的学者。袁顺能够在政治旋涡中幸存下来，某种程度上，得益于他精通周易占卜而获得的趋吉避凶的能力。当然，在事关政治立场和道德价值的大义上，他坚定地保持着自己的正直和勇气，知其不可为而为之——这就是中国儒家知识分子一直倡导的"风骨"。

袁颢和父亲袁顺一样精通易经，他还领悟了宋代儒学大家邵雍"皇极数"绝学的奥义，传承了中国道家将易理融入医理的"太素脉法"，这样的造诣深受病人钦佩，也让他声名远播。其行医风格不仅是简单的看病抓药，还将传统中医最高明的治疗心法融入其中——遇到做子女的就倡导对父母尽孝之道，遇到做父母的就倡导对子女的慈爱之道，遇到贪心的人就劝其调整心态、控制欲求，遇到富裕的人就劝其好礼、不要骄纵。

袁颢借行医来实现济世救人的抱负，除了解决患者的病苦，他还要通过情感疏导和道德劝诫，来解决患者的心病，某种意义上，小小医馆也是他净化人心和社会风气的特殊舞台。

袁颢以"良医"和"良民"的双重标准要求自己，坚决不说对人无益的话语，积极倡导社会慈善，通过践行善道引领淳厚的民风。

他宁愿委屈自己，也要耐心化解别人的怨忿，当别人遇到急难困境时，他会勇敢地挺身而出。

袁颢身上发生了养子变养婿的角色转换，徐孟彰也从养父变成了岳父，二人保持着深厚的代际亲情，也在医学方面实现了师徒之间的代际传承。徐家医学传承，擅长脉诊和儿科。当时儿科还是冷门行业，很少有人专攻。袁颢专攻儿科，对治疗当时很凶险的痘疹颇有研究。徐孟彰是一位德行高洁的良医，他对袁颢的器重不仅因为家庭亲情的因素，也因为袁颢身上有着他所期待的才华、智慧与品行。或许是受徐孟彰的影响，他的亲戚徐有贞成为袁颢的门生弟子。

徐有贞年龄比袁颢还大7岁，却被袁颢的博学所深深折服，甘愿以学生的身份自居。袁颢向其传授了天文、地理、兵法、水利、阴阳、方术等领域的家学要义，有些门类被正统科举仕途视为"旁门左道"，但正是这些科举考试之外的"冷门知识"，让徐有贞拥有朝廷众多官员所不具备的特殊才能——他曾被同僚讥讽为神棍之类的角色，却凭借从袁颢老师那里学到的水利专业知识，成功治理多年未解的黄河水患，由此名震官场脱颖而出。

和父亲坚定谢绝苏州府知府推荐出仕一样，袁颢也谢绝了徐有贞向朝廷推荐他当官的邀请，甚至不惜在书信中引用了先贤嵇康的经典语句——嵇康是魏晋时期的名士，以一篇拒绝朋友推荐做官的绝交书，享誉中国文学史。

袁颢坚定地执行了远离官场的理念，并传下子孙不能出仕的家训，但他稍稍一出手，就培养出徐有贞这样的门生。徐有贞受惠于袁氏的家学，奠定了官场的地位根基，后来坐到了大明朝廷文官体系最高的职位——内阁首辅。袁家的后世子孙了凡出仕为官治理水患的光辉业绩还在百年之后，这都与袁氏一门经世致用的家传绝学分不开。

袁颢与夫人徐氏生有三个儿子，二儿子袁祥继承了父亲的医学。袁祥的儿子袁仁也继承衣钵，成为医学大家。经过几代人的积累，袁氏一门成为当地闻名的"医学世家"和"文献世家"，家里的藏书达两万卷之多。袁仁逝世后，将两万多卷藏书和代际传承的担子交给了第四子袁表，也就是后来的了凡。

日本学者酒井忠夫在其《中国善书研究》中指出："了凡的学问和思想，创造的原因是他的家庭传统对他的影响。"下面笔者就多用一些篇幅讲讲袁氏家族的家风传承。

五

圣贤教育立家训，曾祖父忠于妻子晚年"守节"

医生这个职业，在中国古代社会地位不高。唐代著名文学家韩愈，在经典散文名篇《师说》中写道：巫医乐师和各种工匠这些人，儒家的"君子"们不屑一提（"巫医乐师百工之人，君子不齿"），但他也不得不感叹，"君子"们的见识竟反而赶不上这些人（"今其智乃反不能及"）。可见在唐朝，医生群体里就有人在学问、见识、智慧上，超越了许多埋头儒学经典的知识分子。如果韩愈生在明代，遇到袁颢这样的"学霸"级医生，又该发出怎么样的感慨呢？

袁颢只是生活在长江下游江浙交界之地的基层医生，门下的弟子能官至内阁首辅，奠定其官场地位的却是跟着袁颢所学的地理和水利等冷门知识。袁颢没有做国师、帝王师的机会，但"首辅之师"的名号谁也不能否定，毕竟官至首辅的徐有贞都自称其"门人"。

徐有贞如此评价自己的受业恩师袁颢："先生识高今古，学贯天人，缙绅士大夫从之游，如入武库检法物，无所不有也……"他认为，正是遵守父亲袁顺远离仕途的遗愿，袁颢"得以余力精研学问，天文地理，律历书数，兵刑水利，及三教九流之属，靡不剖其藩而入其奥"。

这个评价是客观到位的。和汲汲于仕途的传统儒生相比，袁颢的知识结构更为健全。他的知识谱系，与整个袁氏家族数代累世的传承有着莫大的关联。

父亲袁顺逝世后，给儿子留下上万卷藏书。这相当于一个小型的图书馆，一个家庭拥有强大的经济实力，才能支撑起这样的藏书规模。在明代早期，全国范围内土地兼并的现象还不太严重，拥有4000亩的土地，堪称地方上数一数二的豪门望族。这也说明，嘉善县袁氏一族的祖先并非普通的土财主，而是来自中原人文荟萃之地的读书人。

出现袁顺这样的优秀学者，是知识文化代际传承的结果。袁顺又把自己的毕生所学和家族藏书，交到了袁颢手中。中国历史上，有许多类似的家族，生生不息的文化种子就这样一代代传播下去。

作为一位良医，袁颢将中华文化传统里的儒、释、道思想精华融入医学实践，总结出先进的经验，写下不少医学专著，如《袁氏脉经》《袁氏针经》《痘疹全书》《痘疹论》《内经辨疑》《运气图说》《惠幼良方》等。这些医学上的成就，构成了袁氏家学的重要组成部分。

作为经学研究大家，袁颢著有《袁氏春秋》三十卷。

在家学代际传承方面，袁颢身后对子孙影响最大的作品，当属其撰写的《袁氏家训》。

《袁氏家训》分"家难篇""主德篇""民职篇""为学篇""治家篇"，讲述了家族惨案的由来、制定远离仕途这一家规的缘起，还强调了医学传家的原则，以及做"良民"的要求。在安身立命、修德治学和家庭建设等方面，袁颢总结先贤的大量经验，也写下了自己的真知灼见。这部家训，既是中国家族传承史上的经典，也为树立和传承良好的家风奠定了基础。

袁氏撰写家训的传统，影响着后代《了凡四训》这部传世经典的出现。

袁颢将"罢学举业"写进了家训，其中明确强调，不当官、不吃皇粮俸禄，并不是出于对朝廷不满而采取的逃避性态度，而是因为遵从父亲的教导：一则不能忘记"圣主"建文皇帝的"深仁厚泽"；二则整个家族正在走"杀运"，还要延续较长的时间。《了凡四训》开篇提到的"弃举业学医"，就来自袁颢立下的家训。

既然袁家无意于通过做官谋求荣华富贵，那就得认真做"良民"。《袁氏家训》解释了良民的"良"要体现在道德品行上：说话要认真审慎，做事要脚踏实地，通过读书明晓世间的真理，严于律己，乐于助人，不可以有丝毫施恩图报之心，这样学问日益精进，道德日益增长，就无愧于"良民"这一称号。没有做官的荣耀显贵，良民也应当配得上富裕的生活。明白这些道理，安处当下，随遇而安，则会省去不必要的烦恼。

当然，儿子已经不是小孩，袁顺应该会向他解释清楚朝廷制定的有关制度对他们袁家的不友好：当时科举考试报名是要往上查三代的，如果爷爷犯有严重罪行，子孙三代不能入仕当官。袁顺参与了建文旧臣对抗朱棣的行动，那是"谋反""叛乱"的重罪，虽然朝廷不再追究，但其罪名还在，子孙是不能参加科考的。

既然要过四五代人之后，袁颢家子孙才有可能出仕为官，那么，这四五代人的读书学习，就不必带着科举考试方向的功利性。在家训的"为学篇"，袁颢向子孙介绍了融合中国传统儒释道三大体系文化智慧的高阶学习心法。正如佛门大德所讲："一分恭敬得一分利益"，袁颢非常重视对知识的恭敬态度，强调读书的仪式感："故读书之法，须扫除外好，屏绝纷华，洁洁净净，使胸襟湛然，从容展卷，必起恭敬，如与圣贤相对"，他还强调用心灵领悟本源智慧，"俯而读，仰而思，字字要见本源，句句须归自己，不可以识神领会，不可以言语担当，不可以先入之言而疑其理，不可以邪师之见而乱圣经。一句染神，千劫受益。此是真实学问，实非小缘"。

在职业操守上，袁颢也对子孙后代提出了较高的要求，希望他们都能效法张仲景、孙思邈等先贤，做苍生大医。"须发慈悲之心，视众生之病为己身之病，不论亲疏、贵贱、贤愚、贫富，皆平等相待尽心尽力"，本着这样的期待，袁颢在家训中向后代子孙提出了关于行医的十条要求，希望后人能够在学识素养、专业技能、职业操守以及道德自律等方面有较高的标准。他强调，如果做到这十条，将不亚于古代的圣贤。

由此可以看出，袁颢是以圣贤教育传家的，他希望自己的子孙后代都能通过行医，活出圣贤的标准。

徐家留给袁颢的家产并不丰厚，袁颢在药圃中种了 30 多种常见的草药，以满足自家日常行医的需要。他希望后世的子孙能够守住这个药圃，也希望子孙们能安贫乐道。他还在家训里强调了勤俭节约的原则。在袁颢看来，节俭可以培养品德，清心寡欲、无求于人，有助于道德品质的日益提升；节俭还可以培养志气，欲望的过重往往会让人产生卑劣污浊的低级追求。他希望后人能够以刻苦的精神磨砺自己，并且以清净无染的精神追求，来滋养自己的灵魂。

袁颢和青梅竹马的妻子结婚十五年，践行中国儒家君子的夫妻之道，二人相濡以沫，相敬如宾。贤妻早逝之后，他保持了独身。袁颢在家训中解释了中年丧妻之后没有再娶的原因，表示这是为了弥补世间只有"节妇"没有"义夫"的欠缺。他在为妻子"守节"。当然，袁颢不认为后半生四十多年的单身生活有什么不好，相反还觉得清心寡欲也很不错。

当时社会上有品性不良的"后娘"虐待前妻的子女，和儿媳争权夺利闹得家里鸡飞狗跳，袁颢不希望自己家里出现这样的现象。妻子去世之后，袁颢尽心教育抚养三个儿子长大成人，看到儿子儿媳都很孝顺、和气满门，他觉得自己不再娶妻是对的。他希望子孙后代如果遇到丧偶的情况而不得不娶时，也要找良家淑女，以礼义的标准相要求，对于前妻的孩子要加以呵护。

妻子去世之后，袁颢在家里堂后构建一间静室，取名"杞菊山房"，作为自己修身养性、焚香打坐之所。妻子去世的最初十年，有客来访，他只做学问道理上的清谈，不轻易为人看病。对于远道而来的患者，则让继承家学的长子袁祯替他看病。后面十年就不再接见客人，一心闭门著书。之后十年不再读书，连朋友的信件也不再打开，时不时会到庭中松树之下散散步。人生最后的十三年，他连门都不出了，进入修行人谢绝尘缘的状态。

弘治七年（1494）九月初一，年届八十高龄的袁颢将世代相传的万卷藏书交给次子袁祥，就像当年父亲袁顺临终前交给自己一样。

九天后，他预感到时间到了，便沐浴更衣，出坐正厅，与全体亲人朋友一一告别，没有丝毫凄凉悲伤的样子，他在平静欣然中合上眼睛，告别人世。

六

祖父继承两家绝学，中断行医"抢救历史"

没有学霸，继承不了家学。袁颢有三个儿子，都很聪明。但聪明也是分程度的。他最终选择二儿子袁祥作为万卷藏书的继承人，因为这是学霸中的学霸，他有一项世间罕见、兄弟们都不具备的特殊技能——过目不忘。

过目不忘的眼睛，就好比一台电子扫描仪，看一遍就能把书本上的所有信息储存进大脑。有人说，这种惊人的记忆力，来自一种天赋。

袁颢与徐氏结婚十五年，中年丧妻，之后就一直独身。他有三个儿子，分别取名为袁祯（字杏轩）、袁祥（字怡杏）、袁禧（字杏邻）。杏林是中国古代对医家的别称，三个儿子取表字都带"杏"字，是希望他们都能恪守家训，以行医为业。因为这个家族不宜参加科举出仕。袁颢很清楚，其家传绝学并不仅限于医学，还有更广博的学问需要子孙们继承，他在二儿子袁祥身上看到了家学传承的希望。

母亲去世那年，袁祥才 4 岁，他的弟弟袁禧年龄更小。人生开局，就拿到了"幼年丧母"的剧本，可谓悲苦。妻子去世后袁颢没有再娶，老大尚未成年，还要抚养两个年幼的孩子，这对一个中年男人来讲，也显得吃力。

袁祥和父亲袁颢有不少相似之处，他们从小都被送了出去——父亲是给人做养子，他则是给人做养婿。父亲后来也变成了上门女婿，这一点，还真像是"遗传"。

袁祥被送出家门做"童养婿"时年方6岁，这种情况在中国古代社会叫"娃娃亲"。嘉善县名医殳珪膝下无子，只有一个女儿，一屋子的医学秘籍需要有人继承。他和袁颢是惺惺相惜的杏林同行，互相钦佩对方的医术和道德人品。了解到袁颢家里妻子去世、育儿艰辛的情况之后，殳珪主动登门提亲。孩子能继承更多的医学本领，还能得到母亲般的关爱，何乐不为？把袁祥培养成济世救人的良医，成为袁、殳两家结亲之后共同的努力目标。

6岁已到读书年龄，岳父为袁祥聘请了私塾的先生。开蒙后的袁祥表现出过目不忘的本领，让父亲和岳父大为震惊——这孩子不就是传说中的神童吗？你有家传医学要传授，我家咋办，我家也有太多的绝学需要这个神童儿子继承呢！世上没有后悔药，儿子已经送出去了，袁颢和殳珪商议后，将儿子暂时接回家中，亲自传授袁氏绝学。袁祥学得很认真、很勤奋，天文地理、历法算术、兵法水利无不熟谙。三年后，袁颢又将儿子送回殳家。

学霸的悟性不同凡响。没用太多时间，袁祥就继承了袁、殳两家的医术。从小时候帮岳父抄方抓药打下手，到长大后独自行医，袁祥在专业水准上没有辜负两家长辈的期待。他精通病理、医理、药理，擅长炮制药材，用药剂量精准——行家们都知道，中医用药的不传之秘在于剂量——袁祥将其心得领悟，写出专著《用药玄机》。袁祥还继承了父亲的经验，编著了《袁氏痘疹丛书》。

有一位学霸女婿继承家业，岳父应该满意了吧。随着时间的推移，岳父发现女婿身上有些不太对劲的变化。虽说君子可以安贫乐道，但作为一名医生，袁祥的表现也太过另类——他每天行医挣够100文铜钱的诊金之后，就立即停诊不干了。这是在耍名士的派头吗？袁祥交往的朋友都是当地活跃的精英人士，本来口碑就不错，他越是在看诊次数上"限量供应"，上门求诊的患者就越多。后来人们发现这不是刻意搞"饥饿营销"，而是袁医生真的不想干了。曾经有位官员上门求医，康复后登门道谢，说自己几十年吃了好多药都没有效果，为什么袁医生用药不多，效果却这么明显，一个疗程7天就解决了。袁祥说，你主要是脾湿的问题，脾湿解决了，病根就拔了。官员拿出了重金致谢，但袁祥只收了诊金和7天的医药费，其余全部退还。很显然，他志不在钱。志不在钱，岳父倒不介意——他担忧的是，女婿志不在医。

父亲袁颢也开始对儿子感到担忧，他专门写下《袁氏家训》，要求子孙远离政治，行医传家，如果儿子无心为医，那将是对家训的违背。袁祥的作为似乎越来越像爷爷袁顺，流露出为追求大义而奋不顾家的倾向。

《袁氏家训》描述的家族惨案，通过阅读形式载入袁祥的记忆，也刺激到他的精神。家训里记录的建文皇帝的仁德和孝行，让袁祥深深感动，忠臣们惨遭极刑的死难及其身后的恐怖株连，让袁祥悲愤难抑。

《袁氏家训》由袁颢执笔，前半部分记录了袁顺亲历、听闻和口传的历史，第一篇"家难篇"主要讲家族惨案的经过，第二篇"主德篇"记录建文皇帝的仁德言行。这两篇内容，成为后人研究建文皇帝相关历史的重要文献。比如太子朱标去世以后，老皇帝没有选择自己能力突出的四儿子，而是选择让皇孙朱允炆继位，皇孙一定有过人的品质打动了爷爷。"主德篇"里就记录了不少建文皇帝鲜为人知的仁孝之举。父亲背上长疮痛苦难忍时，15岁的朱允炆昼夜不离，亲自为父亲吮吸脓液。爷爷生病心情不好的时候喜欢杀人，太监宫女都胆战心惊，朱允炆近前服侍，事必躬亲，盛接痰唾和小便的容器都是他亲手拿着。后人总结的《弟子规》里"亲有疾，药先尝。昼夜侍，不离床"，也是朱允炆的真实写照。（注：古代人们生病时，服用的都是用草药加水煎成的汤药。父母在饮用之前，子女要先尝一尝，感觉一下温度合不合适、烫不烫嘴。）"主德篇"里还记录了爷孙之间的对话，老皇帝讲自己平日用刑虽重，但所杀都是极恶无道之人，只有杀掉恶人才能保全善人。朱允炆却表示，不如对恶人进行道德的教化，"但忧吾之德薄，何忧民之教化"……正是这样的仁德言行，感动了大明王朝开国皇帝朱元璋，影响了皇位传承的选择。

　　袁顺父子虽然不在官场，但他们都对建文皇帝有着深厚的情感。建文皇帝是位仁君，他继位后纠正了老皇帝滥施刑罚的偏激，废除了对江南几个地区滥征重税的苛政，袁家也是建文新政的受益者。朱棣抢夺皇位之后，把建文皇帝的仁政举措推翻，江南几个地区的税赋负担又更重了。无论是从情感上，还是从现实的利益上，袁氏家族都有理由感谢和怀念建文皇帝。年轻的圣主究竟是逃到海外了，还是如传闻中所说出家为僧？拿不准的事情，不能乱讲。袁顺父子都是严肃的君子和严谨的学者，他们在家训里用词审慎，对于建文皇帝的去向，只说了几个字——"宫中火起，传言崩"。几十年过去了，建文皇帝近乎消失在臣民的记忆里，他在位的几年历史已被刻意隐藏，似乎从来没有发生过。

作为深受政治巨变影响的袁氏后人，袁祥精读了父亲撰写的家训之后，应该反复思考过爷爷那代人面临的时代课题：建文皇帝这样仁德的皇帝，难道不该尽心拥护吗？效忠这样一位正统继位的君主，却给家族带来灾难。投靠起兵叛逆的乱臣贼子，却能获得荣华富贵。这个世界上，还有没有天理和正义？官员们天天高喊的忠义何在，怎么能说变就变？官场标榜的道德秩序，怎么转眼就节操尽碎？

袁祥难免产生深深的同理心：那些继承儒家传统文化、忠实于内心道德和政治伦理的大臣，即使遭受了肢解之类的残忍刑罚，其价值理念上的坚持也毫不动摇，这是何等的悲壮。他们的亲族和门生朋友受牵连的命运，又是何等的悲惨……

朱棣登上皇位之后，就开始了清理建文时期历史记忆的大行动。他毁掉了许多史料，篡改了明太祖朱元璋的实录，还编造了《奉天靖难记》对建文皇帝君臣进行抹黑。反对者被他无情诛杀，不少大臣的日记和书信都在抄家之后被毁掉。经过永乐一朝的文化大扫荡，许多历史的细节与真相已经鲜为人知。

对于正值盛年的袁祥来讲，他意识到自己必须做些什么了，忘记历史，就意味着背叛。几十年过去了，政治氛围已经宽松，钩沉往事正当其时，如果健在的人都不去做，后人还会有谁去做呢？总不能把这个任务再交给自己的子孙吧？

袁祥已经急不可待，他把"抢救历史"视为最为紧迫的任务、最为重要的使命。袁祥已经不是小孩子了，和殳氏结婚后育有一女，本应该在家照顾妻女，帮助岳父行医看病，起到家庭顶梁柱的作用。他却抛下家庭，有时候一出门就是几个月。袁祥长期居住在南京，收集查阅建文年间的资料，寻找忠臣后代，为包括祖父袁顺在内的仁人义士做实录。经过长达两年的努力，袁祥完成了四卷《建文私记》的撰写，他搜集的翔实资料，为解锁那段尘封的历史留下了宝贵证据。

袁祥的寻访和调查行为，触碰了大明王朝官方意识形态的敏感区域。对于他的执着，父亲和岳父应该都不太认可，所以并没有表现出积极的支持。岳父拿出家里珍藏的医学秘经让他传承，袁祥却明确表示：建文皇帝在位四年没有留下实录，许多忠臣义士死后历史真相湮灭，这才是更可怕的失传，相比之下，医经失传的事情就太小了。

妻子殳氏是袁祥忠实的支持者，不仅没有埋怨，还私下里接济丈夫。经常来访的名士们都对殳氏评价很高，认为她作为妻子，对丈夫如同亲密无间、肝胆相照的朋友一样，有古人之风。在女儿十几岁的时候，贤淑的妻子不幸去世，袁祥的人生剧本，又和父亲一样，增加了"中年丧妻"的悲痛。

岳父也陷入了悲痛，女儿去世，孙女尚幼，赘婿越来越不听话，家族传承的希望需要重新考虑。袁祥也认为岳父的家庭传承需要有人负责，既然自己让岳父失望，那不妨把接力棒交出去。经过审慎地考察，袁祥把在岳父门下学习灸术的后生钱蕚招为女婿，并将自己的临床经验和袁氏家传的医术倾囊相授，岳父殳珪也很喜欢这个孙女婿，也将殳家的医学秘经悉数传授。钱蕚很争气，后来成为江南名医，钱氏后人世代行医，积累了相当的福报，到了万历四十四年（1616），钱氏子孙里出了一位状元。

中年丧妻之后，唯一的女儿招了赘婿，袁祥在岳父家的地位越来越尴尬，很显然，岳父要将孙女婿作为接班人培养，将来的家产将由孙女婿继承。难道就这样在殳家孑然一身、独处偏室，眼看着一天天被边缘化？袁祥的天赋、才学是袁氏兄弟中最出色的，他是父亲袁颢最器重的儿子，身上肩负着袁氏一门家学传承的希望。在中国儒家文化传统里，不孝有三，无后为大。袁颢决定给儿子再找一位妻子，希望袁氏绝学能够传承下去，希望儿子的血脉和才华能够延续下去。袁祥对父亲一向尊重孝顺，便同意了父亲的安排。

根据娶妻娶贤的标准，袁颢托媒人向嘉兴府平湖县一位朱姓学官提亲，让儿子娶了这位朱先生的掌上明珠（即了凡的祖母）。朱家是当地名门，家境殷实，朱先生给女儿准备了丰厚的嫁妆。

就这样，袁祥从殳家净身出户，开始新的生活。

七

书香药香，熏陶雅致家庭

袁祥完成"抢救历史"的冒险行动之后，所撰写的著作只能藏在自己的书房里，悄悄地给自己信任的儿子看。再贪财的出版商，也不敢出版这些内容敏感的文字。

历时两年的寻访调查和写作，释放了袁祥的义愤与激情。他应该会经常思考一个问题——占据道统和法统优势、深得臣子和民心拥护的孝文皇帝，以全国敌一隅，居然只用了四年时间就丢了江山，问题究竟出在哪里？聪明智慧如袁祥，应该明白建文皇帝的失败有太多遗憾之处，忠心耿耿的大臣们有太多无能之处，险中求胜的朱棣有太多侥幸之处。即使是自己穿越回去，与爷爷共同努力，能够改变时局的走向吗？建文皇帝的臣子向新君叩首，就一定是反复无常的小人吗？如果换位思考，袁祥应该能够理解血色恐怖环境下大臣们的求生本能，以及保护家人的本能——皇权不是自己的，江山不是自己的，而家里的亲人是自己的。

建文皇帝已成历史，街市依旧太平，岁月还在继续。一介布衣平民，能做的已经都做了，总算对那个时代有个交代，总算对子孙后人有个交代了。袁祥年方三十，总该走出历史的阴影，总该走出妻子去世的悲伤。

再婚之后，扮演好新家庭里的角色，成为袁祥人生新阶段必须聚焦的主责主业。

妻子陪嫁的财产非常丰厚，解决基本的生活条件不是问题。新婚夫妇，住哪里呢？袁祥自小在嘉善魏塘镇做养婿，户籍在魏塘，新房选址自然也在魏塘。在中国古代选宅基地还是很讲究的，袁祥在魏塘镇东亭桥边选了一片宝地，宅基土地坚厚，门前有小河经过。

袁祥亲自设计了家居的住宅布局，在一片城区里构筑了不失乡野风光意趣的生活空间。

成化十五年（1479），32岁的袁祥迎来了自己的家学传承人——新一届学霸袁仁出生。这是袁祥唯一的儿子，袁祥对其成长倾注了全部的心血，他后来亲自主持了儿子的成人礼和婚礼。

袁仁继承了前辈的高智商，以及热爱学习、善于思考的特质。和父亲、爷爷相比，袁仁的童年是最幸福的。他有慈爱的父母，有优裕的生活，家里有雅致的园林风景培养他的生活情趣和审美品位，身边还有学霸父亲向他亲自讲授家传的绝学。

据袁仁撰文记录：父亲设计修筑了一个庞大的建筑群，除了正堂，还有厨房、餐厅、仓库、客房等。正堂用来接待客人和病人们，偏房里还专门开辟出一间明代医馆标配的药室。

正堂东边种植杏树数十株，又盖了带窗的小屋取名"怡杏轩"；再往东北有个园子四周栽上竹子，中间种了三十多处药草，取名"种药圃"；"怡杏轩"东边起了一个小楼，楼前有山，取名"云山阁"；阁后面还有一个专门为居丧期准备的房屋，取名"雪月窝"；窝北有个小池塘种藕养鱼，取名"半亩池"；池上有桥，取名"五步桥"；绕池三面（除了北边）种上芙蓉，取名"芙蓉湾"；湾南边种植蔷薇，用木棍架起来，取名"蔷薇架"。

自从北宋时期一位画家创作了"潇湘八景"组画，备受文人士大夫推崇，题写了大量诗作之后，中国就逐渐形成了为景观题诗的创作传统。大至城市，小至村庄，都有各式各样的"八景"。袁祥设计的家庭院落里，也有前述的八处景观，他那才华横溢的儿子袁仁，为家里的八处景观都题写了诗作。

高级的家庭格局不在于建筑布局和室内陈设，而在于人心形成的无形磁场——互敬互爱的和谐家风，会为一个家庭带来吉祥。袁祥是一位性情温和的君子，平生不喜欢责备别人。家童奴仆犯了严重的过错，需要动手责罚的时候，他总是假装生气，从未真正地落实体罚——因为他和妻子有过约定，每当自己拿起棍子装作要动手的样子，妻子就要赶紧过来阻拦。身教的效果，重于言教。袁仁在这样的家庭氛围熏陶之下，也养成了宽仁的性格。他向孩子们讲，自己终生不发脾气，也不打骂奴仆，就是以学习他们的爷爷袁祥为榜样。

在这个风景雅致的微型江南园林里，袁祥和儿孙几代度过了书香与药香齐具的快乐生活。《袁氏家训》指导子孙的职业选择，惠及了后人。嘉善袁氏医馆名声渐隆，袁氏家业也开始振兴。父亲挑选儿媳的眼光真是不错——朱氏为袁祥生下一对健康可爱的儿女，让袁祥的后半生尽享天伦之乐，她也是理家能手，很好地扮演了"贤内助"的角色。

毫无疑问，第二任贤妻朱氏是袁祥的贵人。岳父朱家强大的经济后援让袁祥免于物质生活上的匮乏，也让他有了从容的心态和充裕的时间，去研究更多的绝学。

在袁氏家学的传承上，袁祥是兴趣广泛、能力全面的学霸。父亲袁颢著有《袁氏春秋》三十卷，袁祥将其中深奥隐晦、不易理解的部分，进行相关的阐释，撰写了四卷《春秋疑问》。他还是天文和乐律专家，写下多本专著。多年以后，袁祥的孙子了凡也成为学霸，了凡在天文和音律上的专业水准，让擅长音律的张居正自愧不如。张居正承认在音律上技不如人并不冤枉——强大的家学渊源，成就了袁氏后人深厚的学识学养。

在袁氏家传的周易研究上，袁祥也相当精通。他还撰写了一部《六壬大全》，被后世公认为明代最权威的术数经典。"太乙神数""奇门遁甲""大六壬"合称中国术数三式绝学，太乙演算天时，奇门演算地利，六壬预测人事，"六壬"居三式之首。

袁祥还精通天文星象，撰写了《天官纪事》一书。成化皇帝在位期间有一次彗星出现，南方有人预测这意味着陕西地区将出现战争，而袁祥却认为这预示着江南地区将出现大水。袁祥的预测很快被验证是对的，引来同行多次上门求教，袁祥又为此撰写了专著《彗星占验》。多年以后，袁祥的孙子了凡也根据天文星象的变化，成功地预测政治、军事、自然环境等方面将出现的相应状况，被官场上的同僚赞赏，这自然也得益于袁氏家传的绝学。

袁祥的日常生活像一位隐士，行医看病只是他隐藏身份的职业，只有走进他的书房或者藏书楼里的朋友，才明白这是一位坐拥书城的超级学者。

家族里尚在人世的最资深学霸——袁仁的爷爷袁颢，晚年已经进入"修仙"的状态，基本不问世事，连门都很少出。他住在吴江，没与嘉善的儿孙们一起生活。但儿子袁祥生病的一天晚上，爷爷进入了孙子的梦境。

弘治四年（1491），袁祥患病，时年13岁的袁仁亲自侍奉汤药，睡觉时衣不解带，随时准备侍奉父亲，根据医学诊断的需要，他每天都会检查父亲的大小便，来分析父亲健康状况的变化。每到夜深人静时，他就净手焚香，祈祷上天，希望父亲的疾病转移到自己身上。由此可见，袁仁不仅继承了家传的绝学，还继承了家族最宝贵的精神传统——孝道。

弘治十六年（1503）中秋节那天，袁祥早上起床感到身体不适，就沐浴更衣，坐在正堂里告别人世。他的父亲袁颢，已经去世九年，父子二人都是无疾而终。临终前没有病痛的折磨，在家里的正堂去世，这样才称得上"寿终正寝"，在中国传统的"五福"里叫作"善终"，人们一般会羡慕地认为，这是修来的福气。

八

父亲"一草一木未尝轻折"

作为父亲唯一的儿子，袁仁在25岁父亲去世那年就开始独立行医，恪守了祖辈家训的要求。他自小在生活富裕的家庭成长，享受了普通人应有的天伦之乐，并且成长为一位优秀的医生和杰出的学者，从世俗的成功标准来看，除了没有参加科举取士，一生几乎没有什么遗憾。当然，袁仁不喜欢官场，也不会觉得这是什么遗憾。

袁氏家族几代的政治困境，在他这里已经接近尾声，或许就袁仁而言，他并未体验到所谓家族命运带来的人生压力和种种凶险。能够做一个太平年景的平民，在一方小天地里享受自由的生活，享受家庭的温暖和文艺创作的快乐，袁仁已经比大多数老百姓活得幸福。他生活在基层社会，靠行医为生，就能解决全家的日常所需，过上体面的乡绅生活。个人的道德修养和家族的福报积累，都能通过医生这一特殊的职业得以实现，袁仁一定对祖辈的英明选择有着深深的钦佩，所以他也按照祖传家训的要求，努力培养自己的孩子。

袁仁和父亲一样，先后娶过两任妻子，都来自当地有德行操守的家庭。原配妻子王氏育有两子一女，长子袁衷，次子袁襄。袁仁28岁那年，王氏去世。袁仁后来娶了第二任妻子李氏，李氏先后生下袁裳、袁表（了凡）、袁衮三个儿子，此外还生了两个女儿。

袁仁，人如其名，有着宽仁平和的性格。朋友评价他，"袁仁生平一草一木未尝轻折"。在儿子们的观察和感受里，父亲待人接物有着温暖如春的风格，然而接待不同的人也有细微的差别——接待普通人就端正寡言，尽量不与人争论；接待尊长，就低调谦虚；接待晚辈就随机教诲，诚意满满。只有和志趣相投的朋友相处时，他才展示出更性情的一面，有时雄辩滔滔、语惊全场，有时委婉含蓄，给人单独的点拨，总能让人感到佩服。

袁仁将人分为上、中、下三品：追求道德者为上，追求功名者次之，追求富贵者为下。这里说的"功名"，不是科举考场的功名，而是儒家圣贤追求的为国为民建立的功勋。他遗憾地发现，"近世人家生子，禀赋稍异，父母师友即以富贵期之。其子幸而有成，富贵之外，不复知功名为何物，况道德乎！"

袁仁为子女立下了几条戒律："忌饮食不节，暴饮暴食伤脾胃；忌房事过度，损耗元阳；忌信口雌黄，损现世福报；忌怨天怨地，殃及子孙；忌学术不正，贻误天下。"

不节制的饮食会损伤脾胃，过度的性生活会损耗人们最根本的生命能量——这两条要求，都与身体健康相关，来自中国传统医学经典《黄帝内经》的智慧，强调在补充能量时控制食物的摄取，以免给消化器官带来过重的负担和损伤；袁仁所讲的后三条要求，与信息、情绪和文字语言的表达相关，信口雌黄就是随口乱说，轻下论断，在佛教和道教的教义里称为"妄语"，其恶果很严重，不只损伤现世的福报，还有其他严重的恶报，写一百本书都写不完。袁仁只是把妄语的严重恶果简单缩小地概括一下，以便于世俗家庭教育的理解。怨天怨地，是一种无知的负面能量，这里所说的"天地"并不是可以眼观的实物，而是一种抽象概念，指的是主宰世界的拟人化能量，对"天地"的抱怨，等于把自己的无能归罪于"上天"，这是大不敬。如此缺乏敬畏，其实也是一种狂妄，背后的逻辑是"上天"的安排违背了他这个凡夫俗子的意志——拥有这种错误认知和疯狂表达的人，一定会出现种种的祸患，殃及子孙的说法应该是指代其严重程度的方便说法。怨天怨地的人，或许都活不到拥有子孙的那一天。学术不正，会贻误天下，这句话容易理解，它体现了袁仁作为一位儒家学者的正直和责任感。

在树德立人的教育上，袁仁对孩子们有许多告诫——

凡事留有余地，不可用力过满。他认为，日常的对话和写作，包括工作应酬，都应该保持适度的含蓄。说话到五分、七分就可以了，留下一点空间让人默默领会。做事也得到五分、七分就可以了，如果做到极致的十分，就如同拉满的弓，容易折掉。

凡事多替别人着想：喜欢的东西，要靠自己努力，不要求别人给；容易犯的错，不要用来禁止别人；难做的事情，不要让别人干。

凡事要谨言慎言：见解精深，才能说有道理的话；修养深厚，才能说有品德的话。有些人见解低下却说大话，修养浅薄只知道说些没根据的话，这些人就是破坏经典文化的罪人。

祖父袁颢在撰写《袁氏家训》时对子孙从医提出了十条必须明白的事项，袁仁在此基础上，为子孙行医提炼了八项要求，袁仁引用祖父的话语告诫儿子：你们曾祖父菊泉先生（袁颢）曾经告诉我，袁家世代不谋做官，所以历代没有显赫的名声。可是忠信孝友，却能够世代坚守，子孙不遗失家法，能传承好家风，就已经足够了。

尽管自己遵守家训，远离仕途，但袁仁并不排斥当官的人，他有许多官场的朋友，他非常尊敬正直廉洁、为民忧劳的清官。遇到荒年的时候，他非常积极地在亲戚朋友圈里发动资源，也会和官场的朋友一道组织募捐，救济受灾的百姓。

妻子李氏也为和谐家风的塑造起到不可替代的作用。根据《庭帏杂录》记载，兄弟五人记录了父母为人处世的许多故事，对母亲的关爱充满感恩之心。李氏身为继母，对袁仁前妻王氏所生的孩子视同己出，每年王氏忌日都会准备祭品，带领孩子们祭祀，并教育他们不能忘记生母的养育之恩。有一天，她看到亲生儿子袁裳穿了件新衣服，说是因为写出好诗而从父亲那里得到的奖赏。李氏教导道："两个哥哥还没穿新衣，你怎么能穿？"直到两个继子都穿上新衣，她才让亲生儿子穿。李氏教育孩子们要站有站相，坐有坐相，言笑行为都不能轻浮癫狂。孩子们在李氏的管教之下，都从小培养起端正的修养。曾有一条娶亲船撞坏了袁家的船舫，儿子们抓住不放，索要赔偿。李氏却说，让人家走吧，否则婆家会认为这是不吉利的事情，归罪于新媳妇会害了人家的幸福。袁衮回忆说，有一次上学路上，家童顺手摘了些蚕豆给小主人吃。李氏知道后教育儿子说："农家就靠这个吃饭，你们怎么能私自摘人家的蚕豆呢？"让儿子拿一升米赔给农户。李氏上集市买东西时，总要多付一点银钱，并教育儿子："这样一年也花不了多少，但这样做内不损己，外不亏人。你们以后也应这样做，切记。"

袁家和邻里和谐相处的故事，成为当地的美谈，对培养子女的爱心和宽容性格也有重要作用。邻居王某紧邻袁宅建房，没有按地方规定预留消防通道（"火巷"），官府严查整顿，王家房屋需要拆除违章建筑。袁仁体谅王家建屋不易，就主动拆除了自己家的合规房屋，开辟出消防通道，当然，袁仁本可不这么做，因为没有预留消防通道不是袁家的责任。对于袁仁的义举，王某感激涕零。袁仁的妻子李氏，经常用这个睦邻案例教育子女。中国有句格言，"千金买屋，万金买邻"。毁掉自家的房屋以保全邻居，看似吃亏，但在睦邻关系的重要性面前，经济上的一点损失并不算什么。李氏希望儿子能够通过这件事情体会父亲的苦心，对所有邻居都应该去关爱和悯恤，应当"曲己伸人"。

借此睦邻案例，李氏也向子女强调了父亲袁仁的立身原则：君子为人，不要做一个让别人包容自己缺点和错误的人。宁愿他人对不起我，我不能对不起他人。如果自己有缺点和错误让他人包容，或者有对不起别人的地方，哪怕只有万分之一，那就不仅愧对父亲和兄长朋友，也有愧于天地，实在不配为人。有这样的觉悟和操守，袁仁称得上是一位真正的君子，他已经达到儒家圣贤的道德境界。

有些人认为中国人太老实了，一味地忍让只会显得自己软弱，引来别人的轻视和欺负。其实，中国人的性格里有着人类最宝贵的"温良"。日常生活中的忍让，正是宽容美德的体现。在大是大非、涉及底线的问题上，中国人又有着坚强不屈、不惜生命的一面。有些家庭在教育子女时鼓励孩子在外面不要吃亏，其实违背了中华民族的优良传统：宽容忍让的美德，有利于营造和谐的社会风气，也能避免不必要的矛盾风险，而为小事小利斤斤计较，乃至生气动怒、较劲干仗，往往是取祸之道。

袁家在当地是比较富裕的家庭，相比之下，邻居的经济条件就差一些，主动忍让，能化解邻里矛盾。袁家与沈家的睦邻故事，堪称"以德报怨"的范例。袁家桃树的枝叶伸到沈家墙内，沈家就把树枝锯掉了。儿子们感到委屈，李氏说人家的做法没错，咱们家的桃树怎么可以侵占别人家的地方？而沈家枣树的树枝伸到袁家墙内，李氏嘱咐儿子一颗枣也不许摘，还让仆人们仔细看护。枣熟后，李氏让人请沈家的女仆过来，当面摘枣装盒让她拿回去。还有一次，袁家的羊跑到沈家园子里，沈家当即打死了这只羊。第二天，沈家的羊也跑到袁家园子里，家仆想要打死这只羊作为报复，李氏制止了这一行为，让人把羊送回沈家。沈家人生了病，袁仁亲自上门诊治赠药，李氏还动员邻居们为沈家捐款，并赠给沈家一石米，换算成今天的标准，应该约有 150 斤。沈家终于被袁家的仁爱和真诚打动，从此两家化解恩怨，成为友邻，还结为姻亲。

勤俭持家和周济穷人，也是袁氏家风里的优良习惯。某年九月，天气将要转寒，了凡的夫人打算买丝绵做衣服御寒。李氏对儿媳说："不必这样做，三斤丝绵要花一两五钱银子，不如花五钱银子买一斤丝绵，你们的衣服可以用麻做骨，把丝绵附在上面，也足以御寒。

剩下的一两银子用来买破旧的衣服，清洗干净、缝缝补补后，可以送给几个穷人穿用。救助劳苦大众，是天下第一件好事。可惜我们家不够富裕，没有能力广泛施舍，但只要随时注意节省，也可以做善事。”

儒家经典《周易》中说："积善之家，必有余庆；积不善之家，必有余殃。"严于律己、宽以待人，正直做人、友善待人，对己勤俭惜福、对人慷慨大方……代际传承的诸多好习惯，塑造了袁氏的好家风，也为后世的家族振兴积累了深厚福德。

九

代际传承的职业操守：十事须知与八事须知

"先天下之忧而忧，后天下之乐而乐"，这是宋代名臣范仲淹的名句，体现了济世爱人的一片仁心。范仲淹还有一语——"不为良相，便为良医"，这是他在浙江宁波任刺史时所讲的，意思是如果不能做一个辅助君王治理国家的好丞相，就做一个给人治病的好医生。范仲淹认为，能够在卑微的职位上为老百姓服务的，除了做良医，似乎没有别的职业了。

"不为良相，便为良医"，也是许多儒家知识分子的追求。在朋友看来，袁仁有王佐之才，由于特殊的家庭背景，他没有机会出仕做良相，只能在江南的小县城里行医。袁仁称得上"良医"二字。他的父亲、祖父，更是培养良医的良医。

做良医并不简单。中国传统医学是一个交叉学科，与天文学、地理学、植物学、气候学、营养学、物理学、周易命理等领域有广泛关联，也对文学、民俗、军事、管理学、哲学等领域有深远影响。了解中国传统医学，就打开了中国传统文化的一座宝库。能成为"良医"，一定是学识渊博的复合型人才。

大夫、郎中，在中国古代都是高级官员的名称，人们也常常用来作为医生的别称。在中国传统文化里，治理国家如同治人。早在三千多年前的周朝时期，就有"上医医国，其次疾人，固医官也"的说法。到了唐代，"药王"孙思邈总结为"上医医国，中医医人，下医医病"。

古老的中国医典《黄帝内经》提出，"圣人不治已病治未病，不治已乱治未乱"，孙思邈在此基础上又总结为"上工治未病之病，中工治欲病之病，下工治已病之病"。中国传统医学推崇积极预防为"上工"，对行医这个职业的道德水准有很高的要求。没有道德底线的人，会把医疗当成生意，为了完成利润指标盼着病人多花钱，甚至不惜制造病毒瘟疫让人生病。

生老病死是人之常态，人总会生病，只是或多或少、或轻或重的区别。医生这个职业，不缺病人。但作为医生，不能为了挣钱而盼着别人生病，这是有违道德的事情。在中国的行医传统里，有良知的医生，宁愿自己收入减少，也不希望人们生病，所以就有了知名的医家对联——"但愿世上人无病，宁可架上药生尘"。

行医这个古老的职业，与道德最近。无论是东方还是西方，都有明确的职业道德要求。大约在2500年前，古希腊医学家希波克拉底发出了行业道德的倡议书，他向希腊神话中的医神阿波罗、阿斯克勒庇俄斯、阿克索及天地诸神表示："我要遵守誓约，矢志不渝。对传授我医术的老师，我要像父母一样敬重，并作为终身的职业。对我的儿子、老师的儿子以及我的门徒，我要悉心传授医学知识。我要竭尽全力，采取我认为有利于病人的医疗措施，不能给病人带来痛苦与危害。我不把毒药给任何人，也决不授意别人使用它。尤其不为妇女施行堕胎手术杀害生命。我要清清白白地行医和生活。无论进入谁家，只是为了治病，不为所欲为，不接受贿赂，不勾引异性。对看到或听到不应外传的私生活，我决不泄露。如果我能严格遵守上面誓言时，请求神祇让我的生命与医术得到无上光荣；如果我违背誓言，天地鬼神一起将我雷击致死。"

在中国，也有同样的行医道德箴言，孙思邈的《大医精诚》广为流传，影响深远。这篇文章论述了医德方面的两个基本要求：第一是"精"，医道是"至精至微之事"，医者必须"博极医源，精勤不倦"，强调医者要有精湛的专业技术。第二是"诚"，以"见彼苦恼，若己有之"的感同身受，策发"大慈恻隐之心"，进而誓愿"普救含灵之苦"，且不得"自逞俊快，邀射名誉""恃己所长，经略财物"，强调医者要有高尚的品德修养。《大医精诚》还强调了众生平等的思想，尽量不用有生命的动物入药，"夫杀生求生，去生更远"。中医所需虻虫、水蛭之类，"有先死者，则市而用之"。即使是鸡蛋，"以其混沌未分，必有大段要急之处，不得已隐忍而用之。能不用者，斯为大哲亦所不及也"。

袁裳在《庭帏杂录》里记载，自己 14 岁被父亲袁仁送到文征明门下学习书法和文学，结婚成家之后，父亲向他传授了家传的古代医经，并嘱咐了医者必须遵守的八项职业要求。袁仁向儿子强调的"医有八事须知"，与祖父袁颢在《袁氏家训》里强调的"医有十事须知"有高度的重合，其内涵精神，与孙思邈的《大医精诚》一脉相承。

袁仁"医有八事须知"第一条："志欲大而心欲小，学欲博而业欲专，识欲高而气欲下，量欲宏而守欲洁"，是对祖父"十事须知"的概括提炼。

第二条"发慈悲恻隐之心，拯救大地含灵之苦，立此大志矣"，就是祖父"十事须知"的第一条内容"医之志"，也是《大医精诚》强调的基本医德要求。

第三条"用药之际，兢兢以人命为重，不敢妄投一剂，不敢轻试一方，此所谓小心也"，这句话来自祖父"十事须知"的第四条"医之慎"，内容基本一致。袁颢还讲了行医不慎的后果，"明有人非，幽有鬼责，可惧也"，强调了对举头三尺有神明的敬畏。

第四条"上察气运于天，下察草木于地，中察情性于人，学极其博矣"，这句话与祖父"十事须知"的第二条"医之学"高度一致。略微有别的是，袁颢所讲的"中察人身"，注重对十四条经络与五脏六腑、四肢百骸的熟悉，停留在生理层面，而袁仁的"中察"强调了人的"情性"，这不得不说是一种进步。事实上，人们许多疾病的产生与情绪、情感和性格高度相关。

第五条"业在是而习在是。如承蜩，如贯虱，毫无外慕，所谓专也"，这句话强调做事要专心，如同孔子所讲的佝偻捕蝉和列子所讲的纪昌射箭那样，聚精会神、心无旁骛。这一条未见于祖父"十事须知"，可能是袁仁考虑到行医之外的诱惑太多，所以强调做事要专注。

第六条"穷理养心，如空中朗月无所不照，见其微而知其著，察其迹而知其困，识诚高矣"，这句话是袁仁综合了祖父"十事须知"的第三条"医之识"和第五条"医之养"。袁颢借用了佛家的概念，"医虽小技，也有甚深三昧"，要想达到卓越的见识，必须克制欲望，恬淡无为，保持内心的清静，才能生出智慧。

第七条"虚怀降气，不弃贫贱，不嫌臭秽，若恫瘝乃身而耐心求之，所谓气之下也"，讲的是医者对病人的态度要谦卑，降低姿态，如同病痛在自己身上一般。这句话与祖父"十事须知"的第一条"医之志"有重合之处，强调了医生对病人的态度不能有嫌弃之心，袁颢"医之志"更强调对病人身份的平等心。他们都继承了孙思邈《大医精诚》的精神——"其有患疮痍下痢，臭秽不可瞻视，人所恶见者，但发惭愧凄怜忧恤之意，不得起一念蒂芥之心"。

第八条"同侪相处，己有能则告之，人有善则学之，勿存形迹，勿分尔我，量极宏矣。而病家方苦，须深心体恤。相酬之物，富者资为药本，贫得断不可受"，这句话，是袁仁对祖父"十事须知"的第七条"医之量"、第十条"医之守"的综合，心量方面所不同者，袁颢强调的同行之间面对非议、排挤时的宽容忍耐，而袁仁强调的是同行交流相互学习的坦荡与真诚。对于病人的医酬，都强调不贪为本。遇到穷人不收诊金，甚至赠药。

在中国古代的行医传统里，有"穷人看病、富人掏钱"的说法，意思是医生的生存成本和穷人的医疗成本，其实都要靠给富人看病所获利润来覆盖。袁家祖孙几代行医，强调虽为养家，不贪为本。对于穷人不收诊金，免费赠药，甚至还会倒贴一些，宁愿自己吃亏也要保持仁德之心，这就是发生在我们中国这片土地上的真实历史。

无论中医还是西医，无论传统医学还是现代医学，都有高明的地方。用眼睛向外观察，借助于工具和仪器所得到的认知，都属于外求的体系，所有的现代科学理论体系都是外求得来的。外求也没什么不好，外求有外求的必要，但它并不完整，不能给人们带来外在宇宙世界和内在生命世界的完整认知。外求和内求的认知相结合，才能有助于人们正确完整地认知宇宙与生命的实相。

在认知层面，内求就是内观内证。古人通过禅定，用内观内证的方式，来认知宇宙星系、山河大地和自己的身体生命，洞悉外部宇宙和内在生命的同构性、一体性，寻求情绪管理、健康管理、欲望管理和社会治理的共同规律。上医医国、中医医人、下医医病，这种高层次的智慧是现代医疗体系无法企及的。

✛

父亲朋友圈里有王阳明师徒

在儿子了凡看来，父亲有脱俗之仙气。袁仁经常把自己关在一个安静的房间里，家里的亲人也不能相见打扰。了凡曾经悄悄趴在窗户边上，透过缝隙看到屋里香烟袅袅，父亲端身打坐，一动不动，白须飘飘，很像是得道的仙人。袁仁不是宗教意义上的道士身份，但他确实是一位修道人。他的道场不在深山，他以行医为职业，借行医入道。

有位南京的高官在苏州养病期间听说袁仁医术高明，写信派人邀请。袁仁拒绝两次，第三次来函召请时，袁仁回信解释：本人以"道"而自重，不想以单纯的医疗技艺去挣钱。你若请我去治你的心病，我就用儒家的圣人之道帮你，如果你仅仅是想治疗自己身体上的生理疾病，那就另请高明吧，派人来叫十次我也不会动身。高官遇到高人，大为震动，亲自登门求诊。袁仁将其请入静室，用祖传的太素脉法结合望诊，用圣贤之道"咀嚼仁义、炮制礼乐"，为其心病做了心理和精神上的疗愈，治好了病人长期的失眠。这位高官病人与袁仁素未谋面，此次治病之后二人交为朋友。说起来，他们还是有世交渊源的，其外祖父，就是拜袁仁爷爷袁颢为师的前内阁首辅徐有贞。在袁仁的家教案例里，此人排斥佛法，在广东做官时打碎禅宗六祖慧能大师遗留下来的饭钵，退休回乡之后又拆除佛教寺院改建为儒学书院。在袁仁看来，这是不利子嗣的行为。

袁仁的行医案例里还有一位名叫邵锐的官员。此人中进士后任职翰林院，当时大太监刘瑾权倾朝野，新科进士争相拜谒，邵锐谢绝了同年的邀请，他与另一位拒绝拜访刘瑾的新科状元一道，成为轰动京城和全国官场的热点新闻人物。邵锐为人刚正，为官清廉，性子太急，不善变通，官场上让人头疼的麻烦事本就不少，所以他出现了头晕目眩的症状。袁仁在治疗过程中没有用药，只是做了三天的清谈，病人的眼疾神奇地痊愈了。袁仁是用清虚广大的道理，打开了病人的心结，开阔了病人的心境，病人的心病随之不药而愈。连续三天的玄谈，讲的都是超然物外的话语，起到了"话疗"的作用，说明袁仁的医术与众不同，耐心与众不同，思想境界也与众不同。阅人无数的邵锐，称赞袁仁是海内第一流的人物，他们从此也结为好友。

如果缺乏毅力定力，缺乏临床经验和真修实证，袁仁不可能治好前述两位官员的非药石所能及的疑难病症。

慕名而来的人越来越多，作为一位杰出的医生，袁仁的名声在江南地区盛传。

和祖父袁颢、父亲袁祥一样，袁仁除了治病救人，也撰写了大量的医学专著，其中有《内经疑义》《本草正讹》《痘疹家传》《活人本旨》《五运六气》《参坡医案》。

袁家祖孙行医三代，都是安贫乐道的君子。日常行医虽然不能暴富，也足以让他们财务自由。他们实现了财务自由，就有了时间自由和学习自由。经过三代人、上百年的积累，袁家藏书已经从一万余卷增加到两万多卷。袁氏家传绝学，经过三代人的传承，也进一步发扬光大。

袁仁在儒家传统的经学研究上著作颇丰。他撰写了解析易经的《本义沉疴》、解析《诗经》的《素王素问》、解析礼经的《三礼穴法》、解析书经的《砭蔡编》、解析《春秋》的《针胡篇》、解读《论语》的《疑症举讹》、解读《孟子》的《孟脉辩》。两百多年后，大清王朝在乾隆皇帝的主持下编修《四库全书》，袁仁有多部著作被收录。

袁仁还是一位高产的诗人，对自己的创作才能颇为自信。当然，他有绝对的资格自信。名列明代"后七子"的文学家王世贞，曾评价袁仁的诗歌直追唐代的佳作。和袁仁诗文唱和的朋友里，有沈周、唐伯虎、文征明、徐祯卿、王宠等江南名士。他还曾经把自己的三儿子袁裳送到文征明那里拜师学艺。文征明是温润如玉的君子，在诗歌、文章、书法、绘画四个方面造诣都很高，有"四绝"之名。

袁仁也擅长书法，家里藏有元代书法大家赵孟頫的真迹作品，他经常临摹赵孟頫，已经达到几可乱真的水准。袁仁写给文征明的一封书信里说，市面上流布的赵孟頫书法，有六七成都是出于自己手笔的仿作。

在给沈家妹夫的信中，袁仁写道："吾祖吾父，孳孳训吾辈，谓浮华易谢，实德难磨，故不以科第为荣，而以行谊为重。"相比于同时代儒生们争先恐后在科举仕途上激烈角逐，袁仁淡泊名利，活得像一位隐士。但事实上，他的生活可不像深山中的隐士一般冷清。

由于朋友之间的应酬络绎不绝，他的生活过得有滋有味。他经常在家里接待文人雅士，也经常出去参加周边名流雅士的聚会。曾经有一次他在朋友家里的酒会上发表了关于时政的评论，酒醒后懊悔不已，发誓再不谈论国家政事。

在当时的社会氛围里，还是做一个纯粹的文学创作者更为安全，袁仁和朋友谭稷组织了一个交流创作的文学俱乐部——"诗社"，共同成为诗社的中坚人物。谭稷被友人视为有唐代"诗仙"李白之风，并且和袁仁一样不屑于参加科举。

日常相交密切的朋友里，还有博学多闻的郁九章，袁仁将其拟比明代三大才子之首的杨慎。

袁仁的朋友圈里，光芒最为耀眼的巨星，当属一代大儒、心学泰斗——王阳明。王阳明精通儒家、佛家、道家学说，而且能够统军征战，是中国历史上罕见的全能大儒。阳明心学吸引了大量的知识分子，几百年后都有着广泛的影响力。

了凡也是阳明心学的爱好者，长大后拜王阳明的得意弟子王畿为师，成为王畿眼中悟性最高的弟子。得知了凡是好友袁仁之子，王畿非常高兴，专门写下一篇《参坡袁公小传》（袁仁，号参坡）。这篇文章讲述了袁仁与王阳明相识的过程，王阳明另一著名弟子王艮早年在一位朋友处认识袁仁，认为袁仁有王佐之才，向恩师王阳明引见，袁仁为表诚意，徒步前往拜访。首次见面，王阳明作诗一首，回答了袁仁关于良知的请教："良知只是独知时，此知之外更无知。谁人不有良知在，知得良知却是谁。"

王阳明比袁仁大7岁，根据弟子的记录，他将袁仁视为"益友"。许多人都以拜在王阳明门下而感到自豪，袁仁多次拜见王阳明都非常虚心地请教，但一直没有拜师。他对明朝备受推崇的宋儒理学和尚未被广泛接受的阳明心学，有着深刻的辨别："宋儒教人，专以读书为学，其失也俗。近世王伯安（王阳明）尽扫宋儒之陋而教人专求之言语、文字之外，其失也虚。"阳明心学是中国传统文化海洋里的一颗明珠，袁仁还见过更多的明珠，以及更为璀璨的明珠。在他的心目中，王阳明应该是一位可敬的朋友，而非他的老师。

袁仁对待朋友，有着至情至性的真诚。王阳明因得罪宦官刘瑾被贬官到贵州龙场，袁仁寄诗一首表示安慰："白简霜飞拂紫宸，一鞭遥指漳江春。孤身愿作南飞雁，万里随云伴逐臣。"这首诗如同文学史上唐代大诗人杜甫怀念李白的诗作一样，充满了友情上的关切。十多年后，王阳明因平定一个南方王爷的叛乱而名震天下，袁仁又写诗祝贺，并带有调侃式的讽诫："当年谈道薄鹅湖，此日挥戈靖国魔。夜静灯前看宝剑，先生应悔杀人多。"王阳明去世后，袁仁"不远千里，迎丧于途，哭甚哀"，还与阳明门人一起将王阳明的遗体送回故里安葬。

袁仁和王阳明的许多弟子保持着友情的往来，未来的岁月里，了凡也和阳明门下弟子结下深厚的情谊。

王畿是王阳明最欣赏的学生，也是最了解阳明心学奥义的弟子。阳明心学一度遭到主流意识形态的抵制和打压，时任内阁首辅的夏言对王阳明的弟子很不喜欢，其中包括积极传播心学思想的王畿。首辅夏言让王畿丢掉了南京任职的六品小官，反则成就了对方四十余年的周游讲学生涯。王畿每次到嘉兴都一定要拜访袁仁，而袁仁听闻王畿到来，一定要乘船相迎。

王畿认为自己是最了解袁仁的朋友。在他看来，袁仁的学问，已经洞察了生命的真谛，也能把人世间的事情做得很圆满。

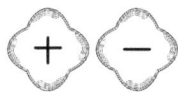

几代长辈都能善终

1543 年癸卯年的除夕家宴上，袁仁的妻子李氏感叹除夕是一年最后的尽日，人生世间，万事皆有尽日，一想到这个，她就感觉活在世上很凄然。袁仁说，佛教禅宗也将每年尽头的腊月三十当作身死之日，我们没到腊月三十之前就应该有所准备，以免到时候手忙脚乱。李氏问如何准备，袁仁回答：始于收敛心神，终于明心见性。了凡年龄尚幼，刚开始学习《孟子》，他起身应对：这也是做学问的方法。父亲点头认可。

了凡在《庭帏杂录》里记载了除夕的这场高端对话。袁仁夫妻二人谈论的是生命终极性话题。这个话题，许多人可能一辈子都不会去想。他们生来不知道自己从哪里来，父母未生之前自己是什么样的一种存在？不知道。肉体生命结束之后，自己将要去哪里？也不知道。生前和死后归宿，是基本的生命哲学话题，儒家的知识体系对此一片空白，儒家圣贤的经典里只考虑人活在世间的事情，孔子所言"未知生，焉知死"，成为后世儒生遵奉的原则。即使是在阳明心学的理论体系里，也不涉及"人从哪里来，死后去哪里"这一认知盲区。修行意义上的"向死而生"，和文人笔下的"向死而生"，不是一个概念——前者指向终极，向者指向俗世，前者指向彼岸，后者指向人间。

单就世俗人生而言，传统意义上的"善终"就很难做到——即使是拥有巨大权力和财富的聪明人，也可能会在晚年被疾病折磨，很难有一个安详从容的人生离场。现代人临死前深受病苦，躺在医院的手术台上或者久卧病榻，都谈不上传统意义上的"寿终正寝"。

在那场意味深长的除夕对话三年之后，袁仁预感到自己时日无多。他闭门谢客，焚香静坐，明确告知家人：我的爷爷、父亲都能预知死期，都沐浴更衣，很庄严地端坐而逝，而不是被亲属抱在怀里。世事如梦，生死如影，我要永远离开这尘世的纷扰了。几天后，他从容不迫地沐浴更衣，坐在正堂内与赶来的亲人告别，如同当年祖父袁颢、父亲袁祥所做的一样。了凡上前献上纸笔，请父亲留下遗言。袁仁写下人生最后一首诗，然后投笔而逝。

这首诗很有洒脱的仙气：

附赘乾坤七十年，飘然今喜谢尘缘。

须知灵运终成佛，焉识王乔不是仙。

身外幸无轩冕累，世间漫有性真传。

云山千古成长住，哪管儿孙俗与贤。

做一个普通的人，做自己爱做的事，交自己喜欢的朋友，在力所能及的情况下，帮助身边的人——袁仁传承了祖父、父亲的医生职业，也传承了袁氏一门的高洁情操。他们都是中国平民知识分子的优秀代表，降低自己的欲望，不奢求荣华富贵，藏身于茫茫人海，发出自己的微光，温暖身边的世界。

袁氏祖孙三代既知死，也知生，与主流的儒家知识分子拉开了认知上的差距。除了远离科举带来的清静与自由，他们还拥有中国传统医学的养生智慧，祖孙三代在古代都不算短寿，都取得了精神追求和道德完善的优异成绩。

他们离开尘世时，已经做好了准备：一生积累的财富、知识和地位，一生经营的各种情感、关系和资源，以及一生所有的努力、所有的评价，都如同过眼云烟，统统带不走了，统统不重要了，一切都该放下了，一切想不放下也得放下了。跟随他们而去的，是一生行善积累的福报——这种福报，以特殊的能量形式，体现在生命走到终点时的状态上——他们实现了清醒的离开、平静的离开、从容潇洒的离开。

此外，据《嘉善县志》记载，袁祥和袁仁父子以医为业，以贤能闻名于地方，尽管没有科举功名，但都在当地受到官方的尊重，入选"乡饮耆宾"。"耆宾"名号来源于几千年前的周礼，并非朋友之间随意恭维的敬称雅号，而是必须由官方正式确认的严肃身份。每年各省、州、县都要遴访一些道德声望较高的老龄乡绅，拜为大宾、介宾或众宾，先由在籍儒学颁发资格执照，然后上报督抚核定，最后具明姓名和籍贯呈报礼部备案，正式注册之后，方可称为"乡饮耆宾"。乡饮耆宾既是基层乡绅的官方荣誉，也享有参加由地方官吏主持的"乡饮酒礼"的待遇。这种酒礼是类似于官方团拜会性质的宴乐活动，突出尊老敬老的主题，一般每年正月某日和十月某日在地方的儒学讲堂举行，主持酒礼的官吏会向各位耆宾依次敬酒，互相礼拜。由此可见，地方官员在基层治理上，很重视地方乡绅对教化一方的重要作用。

宣德年间（1426—1435），为防倭寇为患，嘉善修筑城墙，地方要求相关区域的民间坟墓统统迁移，仅保留三座坟墓，其中就有袁祥的坟墓。

袁仁一生远离科举，并无官身，死后多年父凭子贵。了凡出任宝坻知县，根据明代的推恩封赠制度，袁仁也被朝廷追赠为天津宝坻知县，这也算是一种死后的哀荣吧。

贵人指路：孩子将来有前途

从高祖、曾祖、祖父，再到父亲，前面用了很长的篇幅介绍了凡的前辈，是因为了凡的文化性格深深根植于悠久的家族传统。他继承了这个家族的学问、家风与财产、人脉，也肩负着顶门立柱、振兴家道的使命。他在家族共业的基础上，又有自己独特的个人际遇，他的命运，开启了家族发展转型的新方向。

我们接着看《了凡四训》的正文——

后余在慈云寺，遇一老者，修髯伟貌，飘飘若仙，余敬礼之。

语余曰："子仕路中人也，明年即进学，何不读书？"余告以故，并叩老者姓氏里居。

曰："吾姓孔，云南人也。得邵子皇极数正传，数该传汝。"

余引归，告母。

母曰："善待之。"试其数，纤悉皆验。

余遂启读书之念，谋之表兄沈称，言："郁海谷先生，在沈友夫家开馆，我送汝寄学甚便。"余遂礼郁为师。

袁氏家族几代人都是行医为业，遵守了远离科举的家训。到了凡这一代，数代行医积累了深厚的善行福德，外部的政治环境也发生了变化，家族后人参加科举的条件已经成熟。

了凡遵从父亲的遗愿和母亲的教诲，和先辈们一样朝着行医的方向努力，但一个突然出现的机缘，让他的人生方向发生了改变。

　　袁仁一共有五个儿子，长子、次子已经长大，结婚成家之后都另择住处，独立行医。三儿子袁裳相当聪慧，14岁时遵父命跟随一代宗师文徵明学习诗文和书画创作。母亲李氏认为袁裳适合举业，但袁仁说此儿福薄，不能享受官家俸禄，而且不是长寿之人——与其在科举方向努力，不如修习儒家的知识和道德理念，做个好人，而且学医可以济人，最能培养德行积攒福报。袁裳过世甚早，应验了袁仁生前的预测。老五袁衮，从小就送给一位无子的潘姓朋友做养子。在继承家学的人选上，袁仁看中的是新一代"学霸"——天资聪慧的四子了凡。

　　据传，了凡出生之前，就有吉祥的"嘉禾"瑞象。袁仁家中院子里种植的花木死掉后改种稻谷，出现很多一茎多穗的罕见情形，一茎结五穗的有二株，结四穗的有六株，结三穗的十九株，结双穗的不计其数，乡亲们纷纷前来观看，此事后来还作为祥瑞报到嘉兴官府及下属各县衙，一共献出去九盆"嘉禾"，成为一时美谈。

　　了凡的出生使袁家住房显得狭窄，于是袁仁在院子里预留的空地上新建了房屋，取名"半村居"。袁仁在《新筑半村居记》中写道："嘉靖癸巳，四子庆远生，旧厦隘不能容，爰筑室于其南，中为堂三楹，堂之前为门，门临溪，即所谓魏塘河也。"

　　了凡自小跟着父亲和兄长学习袁家绝学，14岁那年父亲去世。如母亲所说，让了凡学医，是父亲的夙愿。袁仁临终前将两万多卷藏书交给了凡，明确了家传绝学的正式继承人。"万卷楼"的藏书就足够儿子一生学习，不必再跟着外面的老师学习科举之道。他希望孩子能通过行医，培植一生平安吉祥的福报。

　　父亲去世，母亲当家。了凡是个孝顺的孩子，一切听母亲的。

袁仁离世之后，家里少了经济支柱。家境既然发生变化，了凡就要承担起相应的责任。

母亲指着家里的藏书，含泪告诫儿子：你父亲博览群书，依然手不释卷，你继承了家里的藏书如果不去读，那就是罪人。遵照母亲的安排，了凡像祖辈们一样既要行医为业，还要努力读书，继承袁家的绝学。

但一个高人的出现，改变了少年了凡的人生方向。他们相遇在一个特殊的地方——慈云寺。嘉善慈云寺是有着几百年历史的江南名刹，也是了凡命运发生转机的缘起之地。

在慈云寺里，了凡遇到了生命中的贵人。这位贵人并非来自佛教体系，而是来自道教体系，是一位神秘的修道人。此人"修髯伟貌，飘飘若仙"，了凡或许看到了父亲的影子，向这位老人行礼相敬。老先生说，你本应该是当官的人呀，明年就该进学了，你怎么没在学堂读书？了凡讲述了自己没有在学堂读书的原因，并问这位老先生是哪里人。老人称自己姓孔，云南人，身得邵雍皇极数的真传，将传给了凡。

据地方县志的记载，这位来自云南的孔先生就是精通儒家经典的学者杨向春，以神奇的术数而享誉云南，后来改名自称孔道人。他撰写的《皇极经世心易发微》一书，被《四库全书》收录。孔先生在嘉善待的时间不长，点化了凡之后就不知所踪，或许又去别的地方云游了。

孔先生帮助了凡打开了一扇窗子，了凡还将孔先生请到家中，聪明智慧的母亲李氏与孔先生进行了对话。李氏家有医馆，平时阅人无数，识人的眼光还是不错的。尽管初次见到孔先生，但她相信，这位孔先生的出现是袁家的幸运。

父亲袁仁在世时，曾向了凡讲解太极图，李氏在旁边听。袁仁讲："此一圈，从伏羲一画圈将转来，以形容无极太极的道理。"对一个小孩子，讲太深了恐怕没用，袁仁讲得很浅显，旁边的妻子笑了，从佛法的角度做了点睛之语："这个道理亦圈不住，只此一圈，亦是妄。"袁仁对儿子说，"太极图汝母已讲竟。"禅意妙之又妙，了凡母亲一句话，就把太极图讲完了，袁仁很认可，于是掩卷而起。了凡在《庭帏杂录》里记载了早年听到的这场对话，从中可以看出他的父母，尤其是母亲李氏对佛法的深刻领悟。他的父母都不排斥周易，但又不把周易视为终极的真理，而是从佛法的角度含容一切世间学问。

李氏是一位贤淑的女性，几乎具备中国传统家庭妇女所有的美德。她既是孩子们眼中的好母亲，也是丈夫眼中的贤内助。最重要的是，她还是丈夫的知音，能够了解丈夫的思想并且进行充满默契的对话。她也明白丈夫对子孙后代走向科举是有期待的。袁襄与表兄沈科一同参加科举，父亲袁仁建议他们住在一起，朝夕相处便于互相交流。袁襄读书不够勤奋，只获得了科举体制里最低级别的功名——秀才，后来多次考试都没有中举。袁仁也只能用命数和天意的说法，来安慰自己。了凡12岁那年，表兄沈科中了进士。现成的榜样就在身边，了凡的心里也渴望获得和表兄一样的成功。父亲从小就亲自向了凡讲授《四书》（《大学》《中庸》《论语》《孟子》），也算为其科举道路奠定了考纲里的知识基础。哪有做父母的不希望儿子有出头之日？既然家里的次子都能参加科举求功名，为什么第四个儿子不可以呢？了凡开篇所讲的"弃举业学医"，用的是一个"弃"字，说明之前应该有所准备。父亲去世后，家里需要了凡尽快成长为行医养家的合格医生，他不得不"弃"举业。

孔先生的一番话语和讲述，打动了了凡的母亲。于是，她便决定将了凡送到附近的学堂里，朝着科举考试的方向去培养。命运的齿轮开始转动，对了凡和他的母亲，乃至整个家族来讲，一切都值得期待。

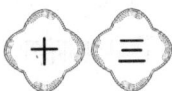

十三

读书到深夜，"学霸"有强大的自驱力

了凡的出生地是嘉善县魏塘镇（今属浙江省嘉兴市），坐落在风景秀丽的汾湖南岸。汾湖古称分湖，传说是春秋战国时期的吴越分界湖，东西长约 6 千米，南北长约 3 千米，一半属浙江，一半属江苏，总面积 9700 亩。魏塘早在宋代已成集市，这里民风淳朴，人杰地灵。魏塘镇成为嘉善县的县城所在地，有了凡曾祖父袁颢当年的选址之功。嘉善文人辈出，是中国历史上有名的科考大县，明清两代，嘉善一县出了状元 2 人、进士 213 人。了凡姑姑家的后代里就有一位状元钱士升，后来官至礼部尚书、东阁大学士。

了凡小时候，经常从父亲袁仁那里聆听嘉善、汾湖的历史掌故。五六岁时，他能背诵历代名人诗词，以及《袁氏家训》里的格言，也能将明初"神童"陶振近千字的《分湖赋》倒背如流。了凡的"神童"之名，传遍魏塘镇和袁家祖居的陶庄镇。小时候，了凡回陶庄老家，经常邀请汾湖北岸的小伙伴叶重第过来一道游玩，他们喜欢在汾湖沿岸的村镇寻旧访古。这一对小伙伴尚且年幼，想象不到他们将来会在同一年考中进士，更想象不到他们的儿子也会在同一年考中进士。

作为学生，了凡是幸运的，他有一座曾经滋养几代"学霸"的藏书丰富的家庭图书馆，启蒙老师是自己的"学霸"父亲。

据了凡回忆，父亲在他7岁的时候，就亲自为其授课，着重讲家训，教孩子做人的道理——除了曾祖父袁颢撰写的《袁氏家训》，父亲还经常讲解《颜氏家训》的内容。《颜氏家训》是中国家庭教育经典名著，是南北朝学者颜之推关于士大夫立身、治家、处事、为学的经验总结，被视为中国历史上系统完备的家庭教育教科书。

颜之推身处战乱纷争、朝廷更替频繁的南北朝时期，在南朝梁、西魏等朝为官，三度沦为亡国之民，有着儒家知识分子强烈的"修身、齐家、治国、平天下"的心愿。他在家训里强调了家庭教育的重要性，"欲当好官，莫如正家"。颜之推提倡早教，甚至从胎教阶段就认为母亲对孩子的影响至关重要，强调孕妇要端正身心，尽量避免不良信息通过眼睛、耳朵等感官刺激胎儿。袁仁的家庭教育思想，和颜氏家训一脉相承。

颜之推把人分为三等，即"上智""下愚""中庸"。在他看来，上智不教而成，下愚虽教无益，中庸之人，不教不知也。他认为"上智"是不需要教育的，人家自己知道该如何实现学习的进步和事业的成功，"下愚"再怎么教育也是没用的，笨人就是笨人，而"中庸"之辈如果不接受教育就会陷入愚昧，教育的作用就在于培养那些资质"中庸"的普通人。

许多父母最大的教育焦虑，来源于不能接受孩子的平庸。成功的父母，不一定有成功的子女。前人的幸福，未必能稳稳地交给后人。为了子女的未来，做父母的常常操碎了心。

对子女教育问题的焦虑，曾经困扰许多当代的父母。父母是北大、清华毕业，子女未必能考上名校，有些孩子甚至连大学都考不上。高考的竞争是激烈的，北大、清华教授的子女也未必都能考上北大、清华。不能让孩子输在起跑线上，着急的家长会在学前教育阶段抢跑。

天下没有教不好的孩子，这句话，说得太满。父母的心血，有可能徒劳。有些孩子就是教不好，要么天资太低，要么不肯努力。不肯努力，生性顽劣，或许也是一种特殊的天资。有的孩子是那块料，有的孩子不是那块料，谁能在一开始就断言孩子究竟是不是那块料？怎么能轻易断言孩子不是那块料呢？该积极还得积极，该争取还得争取，万一实现"大力出奇迹"呢？确实，有时候真能大力出奇迹，但有时候可能大力出悲剧。把孩子逼疯、逼病、逼死的都有——有的孩子心理承受不住了，就跳楼自杀了，人间惨剧就这样出现了。

学历上的传承，充满变数，有人感慨生一个孩子就如同开一个充满未知的盲盒。遇到"摆烂"的孩子怎么办？孩子"摆烂"了，彻底"躺平"了，身心俱疲的"虎妈""狼爸"们无可奈何，给孩子打鸡血已经打不动了，于是感慨"鸡娃不如鸡自己"。

不论孩子是否天资聪明，先把孩子当成普通人去培养，总是相对稳妥的。哪怕是资质平平的孩子，如果对父母有感恩之心，能体谅父母的心情和辛苦，就会在学习上增加许多自觉、自制和积极性，这也是孝心的一种表现。孝心的本质，就是对父母的爱。中国古代的众多家训，都强调培养孩子的品德，在中国传统的道德理念里，孝心就是孩子最重要的品德（"夫孝，德之本也"）。中国历朝历代都很重视家庭的教育和孝道的传承，选拔人才也将孝心列为基础性条件，"求忠臣必于孝子之门"。一个孩子如果缺乏对父母的孝心，连父母都不爱，无论他多么聪明能干，将来取得多大的成就，都很容易成为家庭和社会上的恶魔和祸害，因为他连自己的父母都不爱，怎么会对他人有真正的爱心，更不必说对国家利益、社会利益和朋友利益的忠诚。

没有道德做基础，没有道德保驾护航，再聪明的人也会走上邪路，因为世人的起心动念，无不是向外求索，不加约束的求索会积累强大的负面能量，产生可怕的反噬效果。因此，做一个善良的人，是最基本的智慧。中国传统教育最高明的原则，就是先立德。某种意义上讲，最高明的智育就是立德，德育就是最基本的智育。

按照世俗意义的标准，与袁仁父子同时代的学霸父子，莫过于严嵩父子。严嵩是书法大家，后来坐到了内阁首辅的官位上，成为嘉靖皇帝最信任的宠臣。他的儿子严世蕃虽然没有传统科举仕途的功名，但也是极其聪明的学霸。严氏父子把持朝政屹立不倒几十年，有"大宰相""小宰相"之名，他们因为贪污腐败、迫害忠良而声名狼藉，并作为"奸臣"载入史册，下场都很凄惨——严世蕃被当街斩首，严嵩晚年流浪乞讨最终在贫病交加中死去。

中国历史上有许多知名的家训，袁仁推崇《颜氏家训》的一个重要原因，或许是颜之推在家训里强调儒家知识分子要以实行尧舜的政治思想为志向，并注重气节的培养。颜之推的祖父颜见远因不满梁武帝篡齐新立政权，绝食数日而身亡。这与袁氏祖辈因皇权更替而发生家族惨案的背景相似，袁家几代人也以建文皇帝的遗民心态"守节"。《颜氏家训》强调人生的意义不是谋求荣华富贵，人的名誉、气节和操守比功名利禄更重要。这也是袁家几代人坚守的理念。

了凡在《庭帏杂记》里记录，父亲在辅导孩子写文章时，注重将品德节操贯穿其中。他在孩子的稿簿前面，写下了文章写作方面的八条戒律："毋剿袭"，不许抄袭，不能把人家的东西偷来充数；"毋雷同"，不得雷同，要有自己的见解；"毋以浅见而窥"，不得浅尝辄止，得少为足，要深入学习；"毋以满志而发"，不能以骄傲的心态发表言论；"毋以作文之心而妄想俗事"，写文章的时候要专心，不能有俗事杂念；"毋以鄙秽之念而轻测真诠"，不得以凡夫粗鄙污浊的心态，去揣测圣贤的真理；"毋自是而恶人言"，不要自以为是而厌恶排斥他人的言论；"毋倦勤而怠己力"，不要偷懒。

了凡的三哥袁裳在回忆往事的时候，记得父亲曾在一个夏雨初霁、槐荫送凉的夜晚，组织了温馨的家庭诗会，袁裳的诗最先写成，父亲击节赞赏，正好有人刚送给袁家一些布料作为登门拜访的礼品，父亲就让裁缝给袁裳做了衣服。这个细节透露出袁仁在家庭教育上重视对孩子的鼓励，也重视从小培养孩子的文学品位。

除了文学作品，了凡童蒙阶段还学习了不少医学知识。毕竟这是一个世代行医的家庭，医学也是家传绝学的重要一项。

袁仁开列的书单，既有明代主流教育倡导的儒学典籍，也有佛教和道教的深奥经典，这让幼年的了凡理解起来有一定难度，直到成年后阅读时人编纂的《三教集》，有些内容他才豁然开朗。融合儒、释、道文化于一体的《了凡四训》，也得益于袁仁着意培养孩子文化底蕴时的跨宗教价值引领。

有藏书的家庭不少，孩子读与不读则是另一回事。袁仁临终前，将家中藏书分给其他子侄一部分，其余大部分交给了了凡。母亲李氏流泪告诫儿子，希望他能向手不释卷的父亲学习，不要辜负祖辈留下的文化遗产。

无论是出于孝心，还是出于对知识的渴望，了凡学习一直很勤奋。李氏总是做着针线活儿，陪儿子读书，直到儿子就寝她才休息。了凡后来以学问和才华闻名，与他从小勤奋刻苦学习打下的基础分不开。

据弟弟袁衮回忆，四哥经常学习到深夜，有时候会熬到凌晨一两点。

如果没有强大的自驱力，了凡不会坚持读书到深夜。能够成为学霸，除了父母的教诲、家庭的氛围，应该还与强烈的使命感有关——肩负着家道振兴的期望，沉甸甸的责任，让他不愿懈怠放逸。

孔先生的出现，改变了了凡的人生方向，通过科举出仕报效国家的梦想，开始激励着年幼的了凡。实现自我的成长、突破命运的束缚，都为学霸的前行，提供了强劲的自驱力。

十四

应试之路无惊喜，一步一步全被算准

接着看《了凡四训》原文——

孔为余起数："县考童生，当十四名；府考七十一名，提学考第九名。"明年赴考，三处名数皆合。

复为卜终身休咎，言："某年考第几名，某年当补廪，某年当贡，贡后某年，当选四川一大尹，在任三年半，即宜告归。五十三岁八月十四日丑时，当终于正寝，惜无子。"余备录而谨记之。

自此以后，凡遇考校，其名数先后，皆不出孔公所悬定者。独算余食廪米九十一石五斗当出贡，及食米七十余石，屠宗师即批准补贡，余窃疑之。

后，果为署印杨公所驳，直至丁卯年，殷秋溟宗师见余场中备卷，叹曰："五策，即五篇奏议也，岂可使博洽淹贯之儒，老于窗下乎！"遂依县申文准贡，连前食米计之，实九十一石五斗也。

余因此益信进退有命，迟速有时，澹然无求矣。

北宋年间有位早慧的孩子叫汪洙，写过许多通俗易懂、朗朗上口的短诗，被后人选编为儿童启蒙的主要教材，取名《神童诗》，其中一首已经成为古今名篇——"天子重英豪，文章教尔曹。万般皆下品，唯有读书高"。这里的读书，指的就是为科举功名而读书。

在科举制度出现之前，中国行政管理体系的文官人才选拔主要是靠推荐，一搞推荐就容易出问题，各种人情关系很容易干扰推荐的公平公正。经济实力和政治地位优越的豪门望族，通过世袭和联姻形成了对权力的垄断，"草根"向上流动的空间基本上很窄。科举制度的出现，打破了士族阶层的垄断，起码给了大家公平竞争的机会，但也算比较公正的一个制度。中国的科举制度创始于隋朝，确立于唐朝，完备于宋朝，兴盛于明、清两朝，废除于清朝末年，持续了一千三百多年。

汪神童还有一首诗，讲述科举制度为"草根"平民实现阶层跃迁提供了机会，也是脍炙人口的名篇——"朝为田舍郎，暮登天子堂，将相本无种，男儿当自强"。据历史学家统计，整个明朝共有60%的秀才、40%的举人、50%的进士来自平民阶层。

中国是人口大国，儒生们纷纷涌上科举之路，康庄大道就变成了羊肠小道。无论这条道路多么拥挤、多么坎坷，儒生们都充满了渴望，因为前面的诱惑太大了。

在明朝时期，科举考试由低到高共分为院试、乡试、会试、殿试四级。

院试属于最基础的选拔，考生基数大，通过率较高，但流程比较多，需要通过县考、府考、院考三场考试，院考由省里的提学官组织，又叫提学考。参加这三场考试的生员统称为"童生"，考试全部合格才能获得"秀才"的身份。有的人资质太差，考了一辈子也没考上秀才，年龄再大也是童生，于是就有了千古绝联："上钩为老，下钩为考，老考童生，童生考到老。"

秀才的政治待遇已经相当可观：首先是免除徭役，一名秀才可以免除家里三口人的徭役，他们不需要再为官府提供无偿劳动。在明朝，繁重的徭役常常压垮一个家庭。秀才还可以免交80亩土地的赋税，减轻了经济负担，还有潜在的经济收益——不愿承担沉重赋税的人家，愿意给秀才一些好处，将土地拼在秀才的名下。秀才见到官员也不用下跪，若要对秀才动用刑罚，需要先上报省级学政革除其功名。秀才盖房子也可以比普通人家高3寸，人们称为"光耀门楣"。

秀才每年都要参加岁考、科考，成绩不好要受到申斥，成绩太差有可能会被革去功名。成绩优秀者会获得朝廷的伙食补贴，叫食廪，这样的秀才又称廪生。了凡作为秀才中的佼佼者，领了不少食廪。

秀才层级的天花板是贡生，顾名思义，就是作为人才贡献给皇帝，进入最高公办学府——国子监读书。明朝的贡生选拔，分岁贡、选贡、恩贡、纳贡四种途径。岁贡是按年龄、资历排序，每一年或两三年由地方府、州、县学选送，大都挨次升贡，故有"挨贡"的俗语；熬年头熬出来的贡生，很难出现英才，所以要通过考试选拔成绩和品行兼优的秀才，这就叫选贡，了凡就是作为选贡生进入京城的国子监学习；恩贡是重大庆典（如新皇登基）增加名额的贡生；纳贡就是捐钱取得贡生资格，等于给学习不好的人一个机会。

普通的秀才只有参加省里举行的乡试，获得举人的资格之后，才有机会做官，所以乡试又称"大比"。乡试三年一考，考期在八月进行，又称"秋闱"。乡试竞争激烈，中举比例大概为三十分之一。了凡在乡试这个环节，考了六次。他的表哥沈称更惨，考了不下十次，一辈子也没中举。在待遇上，举人可以免交400亩的赋税，任职级别较低的京官，在省级衙门可以担任副职，不能任正职，到州、县一级可以做正职，或者做主管教育的官员。与了凡同时代的有"青天"之名的海瑞就是举人出身，官场起步只是县里的教谕。

乡试第二年农历二月份，举人们会到京城参加会试，又称"春闱"。会试这个环节竞争依然激烈，了凡又考了六次。会试通过、榜上有名的就成了贡士，这个榜又称"杏榜"。三月份，全体贡士要参加皇帝亲任主考的殿试，从这个意义上讲，所有的贡生都是"天子门生"。殿试放榜，称作"金榜"，一甲进士分别是状元、榜眼、探花各1人，可以直接授翰林院官，无须经过吏部铨选。二甲、三甲进士还需参加一次"朝考"，通过者进入翰林院庶常馆学习，被称为庶吉士，作为皇帝近臣，负责起草诏书，为皇帝讲解经籍等，也可能被直接派到太子府上做太子的老师，从明朝中期开始，就有了非庶吉士不得入阁的规矩。未通过"朝选"的进士则归入吏部班次，或授各部职位，或外放各省知县。

《神童诗》里有一首描写人生四喜的名篇——"久旱逢甘露，他乡遇故知，洞房花烛夜，金榜题名时"。这里说的金榜，就是殿试揭榜。明朝历经276年，只有90位状元，三年一科，每科取进士300多人，当时的人口8000万左右，基本上是万里挑一，能考中进士的可以说都是学霸中的学霸。

了凡的科举之路会是什么样的剧情呢？

精通皇极数的孔先生为了凡做了预测，具体到县考、府考和提学考三级考试的名次，到了第二年，三级考试的名次都让孔先生说中了。

了凡以前只是听说有这样的绝学，但如此厉害的高人恐怕还是第一次亲眼见到，还是在他自己身上验证。

接下来呢？了凡一辈子会有哪些经历？孔先生还为其做了更多的预测：比如哪一年的秀才年考第几名，哪一年会获得廪生的资格，哪一年会成为贡生，成为贡生之后某年会成为四川的一个县长，在县长的任上三年半之后，就得辞职回乡，53 岁那年 8 月 24 日丑时寿终正寝，可惜命里没有儿子。

了凡将这些命理判语都记录了下来，并且牢牢地记在心里。从此遇到考试，名次先后都与孔先生事先预料的一样。唯独有一个例外，孔先生预测了凡做廪生会领到 91 石 5 斗大米的补贴，之后才能补为贡生。然而，了凡领到 71 石米的时候，主管全省教育的屠姓官员就批准了他的贡生资格。了凡开始怀疑孔先生算得不准了。

后来，一位代理屠姓官员职务的杨姓官员又驳回了了凡补为贡生的安排。直到丁卯年（1567），一位名叫殷秋溟的教育主管官员从"备选试卷"里看见了凡的文章，感到可惜：这本卷子所做的五篇策论，竟如同上给皇帝的奏折一样，怎么能让如此渊博的读书人一辈子埋没到老呢？于是他就吩咐县里为 35 岁的了凡打报告申请补贡，殷秋溟收到公文之后就批准了凡补了贡生，经过这番波折，了凡又多吃了一段时间的廪米，算上之前的 71 石，恰好补足，总计 91 石 5 斗。又被孔先生算准了！

从此，了凡更加相信：一个人功名的进退，行运的早晚，都有定数。于是，一切都看得淡然，不再去刻意追求了。

了凡参加了多次乡试，文章水平得到公认，他的名声已经传遍全国，但科举不顺。在历史上像他这样的遭遇的文人，可以列出长长的名单，难道真的有一双命运的大手在操纵人生前途吗？既然科举功名、一生前程都被孔先生如此精准详细地预测到了，后面的人生还有什么意思？提前的"剧透"，让了凡失去了好奇心。就这样任由命运被所谓的"定数"所拘了吗？了凡肯定有所不甘，他还会寻找突破命运的契机。

生命中的境遇不可思议，既然有了神奇的孔先生，还会不会有更神奇的人出现呢？会的，但要在多年以后才出现。

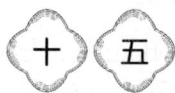

十 五

一心静坐不读书，国子监里要"摆烂"？

接着看《了凡四训》原文——

贡入燕都，留京一年，终日静坐，不阅文字。

隆庆二年（1568）正月，36 岁的了凡入学北京国子监。这是朝廷最高级别的公办学府和教育行政管理机构，能到这里学习，是天下秀才的梦想。未到之前，了凡心中或许还有不少憧憬，但到了之后，他陷入了难以自拔的失望。

监生入学后衣食无忧，吃喝、住宿朝廷全包，每月都有助学金性质的零花补贴，国子监的课程和作业也不繁重，只要水平不是太差，监生们都能应付。当然，也有些人水平很差，他们到国子监，纯属是为了混资历。混资历的人多了，国子监就变得污浊了。

监生根据来源分为几类，一是举监，每届会试中落榜的举人，朝廷要求他们入监学习，已经中举的人不屑于和秀才们为伍，一般都顶着监生的名分回家读书。二是贡监，有靠熬资质的，有靠成绩品行选拔的，有靠恩赏的，有花钱赞助的，他们的身份都是秀才。了凡的表哥沈称，最拿得出手的科举身份就是纳贡的监生。第三类监生是荫监和功监，他们是三品以上官员的子孙和立有军功的低级官员的子孙。这里面的人也不见得都学习不好，比如严世蕃就是恩监出身，后来成为权倾朝野的"小宰相"。第四等是胄监，来自公爵、侯爵、伯爵家里的子弟。第五等是例监，相当于花钱买，但拿的不是现金，而是粮食和马匹——倭寇猖獗，军费吃紧，朝廷财政严重亏空，便每年拿出上千个监生名额，换取军粮和军马。

了凡属于拔贡选来的贡监，有真才实学的那种，在国子监学生队伍里还算是身份地位较高的。36岁成为贡生，已经是贵人帮忙了。这个年龄，说早也不早，说晚也不晚，如果不是提督学政的官员出手，了凡还得排在年长的秀才的后面慢慢熬年资。写下名著《聊斋志异》的清代大作家蒲松龄70多岁才入了贡生。贡生好歹也算进入朝廷储备干部的行列，什么时候能当官，无人知晓。

按照朝廷体制的安排，国子监学生完成相应的学业、积累足够的学分之后，会被分派到各大衙门实习，实习满一年，就可以进入吏部候选。举人出身的监生，最高可以做府州两级的副职。秀才出身的监生，最高可以做偏僻州县的正职，这对了凡来说，也是出仕为官的大好机会。但在吏部排队的"听选官"累年积压已有上万人之多，不是每个人都像严世蕃那样有个当大官的爹。大部分人就只能等，如果硬等下来，恐怕至少得十年八年才能轮到一个机会。

自从取得秀才身份之后，了凡在科举考场上的运气就陷入了停滞，连续五次参加乡试，都失望而归。参加过两届乡试之后，他就成了考试专家，他编写的考试辅导教材已经有三本之多，深受学子们欢迎。这些科举辅导书行销全国，曾经流通到千里之外的边陲省份。将近二十年的时间，了凡的功名都没有突破"秀才"这一层次，身边的很多学弟都已成为举人甚至是进士，他却连成为国子监的贡生都一波三折，难道命运就这样对他一直冷漠下去吗？

1555年，了凡第二次参加乡试，与全省的秀才共同"大比"。他的文章写得很好，被阅卷房列为首位，又因关于《中庸》的观点太尖锐，与占据主流意识形态的朱子理学相冲突，最后被刷了下来。后来，巡查考卷的官员发现这篇文章写得实在太好了，没有中举实在是太遗憾，就专门下发文件予以奖赏，也算是作为一种补偿。对于了凡的科举失利，他的母亲是怎么想的呢？了凡的弟弟袁衮从小被父亲袁仁送给友人潘用商家做养子，潘用商去世的时候袁衮还小，母亲李氏又将他接回袁家，虽然潘家良善，但家庭学习环境毕竟不如袁家。袁衮跟着哥哥了凡一起学习，哥哥科举失利之后，母亲教导袁衮：如果文章写得好，可以中举却没有中举，那就是命，如果文章写得还不够好，那既是命，也怨不得命，为了科举考试，勤奋学习是自己的事，只需要努力就好了，不要计较中不中举。

母亲李氏超然达观，不会给儿子任何压力。在她眼中，世间一切浮华不过是梦幻泡影，随缘努力就好，前程自有安排。

按照孔先生的预测，了凡要熬到50岁才能当上四川省某县的知县，确实符合一般监生排队等官的情况。这样的年龄做这样的小官，实在是没多大发挥的空间了。而且干上三年半，就离生命结束不远了，得回家等待死亡，命里还没有儿子……一个踌躇满志的人，提前了解这样的命运剧本，恐怕很难打起精神来。

宿命的乌云笼罩在了凡的心头，他感到一切都索然无味。以他的水平，在国子监当老师都绰绰有余，所以在学业上，他无所谓了，整天懒得翻书，似乎显得不思进取，用今天的话讲似乎是在"摆烂"。但又不能说他完全在"摆烂"，了凡是不服气的人，毕竟才 36 岁，还可以探索人生的无限可能。他坚持每日静坐，试图通过静下心来，进入更高层次的境界，用更高层次的智慧来寻找自己的答案。

静坐是东方文化体系寻找智慧的特殊途径。当人安静下来的时候，大脑就会变得非常清晰。了凡的父亲、祖父和他几十年来参访的老师们，也大都练习静坐之道。了凡的静坐会达到什么样的境界呢？很快会有权威人士来给他做鉴定。

十六

深入灵魂的"栖霞对话"

接着看《了凡四训》原文——

己巳归，游南雍。未入监，先访云谷会禅师于栖霞山中，对坐一室，凡三昼夜不瞑目。

己巳年，就是隆庆三年（1569），了凡由北京国子监（北雍）转至南京国子监（南雍）。去南京国子监报到前，他先到南京栖霞寺，拜访云谷禅师，他有问题想求教。

云谷禅师不是一般人，法名法会，又号云谷。如果没有《了凡四训》的广泛流传，许多佛教信徒都不会知道其名号。他门下有位弟子大名鼎鼎，那就是名列"明代四大高僧"之一的憨山大师。

云谷禅师对袁了凡的影响是决定性的，整个《了凡四训》立命篇的枢纽就是栖霞山的这场灵魂对话。因此，这里要详细介绍云谷禅师是一位什么样的僧人。

根据憨山大师为师父所写的传记，云谷禅师的祖籍和袁了凡是同一个地方，都是浙江省嘉善县，他俗姓怀，出生于明孝宗弘治十三年（1500），幼年便有发愿出家修行、解脱生死，在本乡大云寺一位长老座下剃度为僧。憨山大师记录了云谷禅师在南京弘法的经过，并盛赞云谷禅师为禅宗的复兴做出了重要贡献。初到南京之时，云谷禅师曾应邀前往报恩寺，在该寺地藏殿内的龛室端坐入定，三年未曾挪动出龛。报恩寺游客来往众多，云谷禅师为了寻找更安静的清修之地，便赶往更为偏僻的栖霞寺一带。南京栖霞寺在南朝时期开山建寺，当时梁武帝命工匠在山崖上雕凿出很多佛像，命名千佛岭。后来有几代王朝对栖霞寺赏赐颇多，到明代这座道场已经荒废很久，大殿变成了野兽的巢穴。云谷禅师喜爱这里幽雅清静的环境，便在千佛岭下铲除乱草，盖了一间茅篷，住在这里修行。曾有盗贼夜间到茅篷行窃，偷走了禅师的衣物，被人捉到后送到云谷禅师那里。一个住在荒野茅篷里的出家修行人，能有什么钱财？小偷如此选择行窃对象，大概也是穷苦可怜、走投无路之人。云谷禅师没有把小偷送到官府治罪，还给他饭吃，又让他拿些东西走了，听到这件事情的人都被禅师的善心善行所感化。

后来官至二品大员的陆光祖，刚做官时出任南京礼部祠祭主事，他到各地去参访古老的佛教道场，偶然参访到栖霞寺，看到云谷禅师气度不凡，特别仰慕。因钦佩云谷禅师的高尚品德，又见栖霞寺荒废已久，陆光祖发大愿修复栖霞寺。他想请云谷禅师做方丈，云谷禅师坚决辞谢，推荐河南嵩山少林寺的善老和尚来承担这个神圣的使命。善老和尚到了南京不负众望，恢复了栖霞寺昔日的庄严肃穆，修建了禅堂，大开弘扬佛法的讲座，收留各地来挂单的云水僧。长江以南的丛林制度从此开始创立。在憨山大师看来，栖霞山禅宗道场的复兴，正是云谷禅师的德行所感召。

袁了凡曾拜访过嘉兴籍在京官员陆光祖，向他请教打坐修行。陆光祖向袁了凡介绍了云谷禅师，称这是一位高僧大师，能对他的人生和修行进行与众不同的指导。

当时不论访客身份贵贱，只要进屋，云谷禅师就会扔一个蒲团，让其端身静坐，甚至从早到晚不说一句话。了凡参拜云谷禅师时，二人在禅房里对坐，三天三夜不合眼。一场触及心灵的对话，即将开始。

云谷问曰："凡人所以不得作圣者，只为妄念相缠耳。汝坐三日，不见起一妄念，何也？"

云谷禅师这句话，讲了一个既有高度又有深度的问题：凡人和圣人的区别在哪里？凡人做不成圣人的原因，云谷禅师概括为精练的一句话：只因为"妄念相缠"。妄念把凡人缠住了，绑缚了。只有去掉不切实际、虚妄念头的缠缚，凡人才可能成为圣人。什么是"妄念"？对于这个词，人们的理解可能有差异。

人们经常使用"痴心妄想"这一成语，"妄"字有荒诞、不合理、非分越规等含义，常见的句式是"癞蛤蟆想吃天鹅肉，别痴心妄想了"，这里的"妄想"，是对具体目标的盲目追求，如功名利禄。

如果人们把"妄念"当成真的，就会产生执着，就会在轮回里流浪生死，永无出期，如同沉浸在某个电子游戏角色里永远不能打通关。人们试图通过静坐控制纷乱的心神时，经常发现自己的念头像猴子一样到处乱跑，又像奔马一样狂野，根本停不下来。只有进入深层次的"入静"，虚空漫飘的思绪才能沉淀下来，稳定下来，所以又称"入定"。停止眼、耳、鼻、舌、身、意这"六根"的活动，截断色、声、香、味、触、法这"六尘"的输入，才能进入定境，不再让"妄念"制造梦境里的虚假信息和垃圾数据，某种意义上，如同让一套电脑系统进入休眠状态。不起妄念的定境里，时间仿佛停止，人们就会有不同的感受，但如果缺乏智慧和方法，还可能走火入魔。

云谷禅师说的"汝坐三日，不见起一妄念"，表达了两层意思。一是了凡连坐三天，没有起一个妄念，静坐的功夫不错，类似于一台电脑处于休眠静止的状态，这依然不算很高的境界。第二层意思是说，能知道了凡三天没起一个妄念，说明禅师的境界更高。

可见，了凡的静坐功夫已经比普通人高，但还远远不够。云谷禅师问他为什么三天不起一个妄念，其实是明知故问，等了凡自己说出来。

余曰："吾为孔先生算定，荣辱生死，皆有定数，即要妄想，亦无可妄想。"

云谷笑曰："我待汝是豪杰，原来只是凡夫。"

问其故，曰："人未能无心，终为阴阳所缚，安得无数？但惟凡人有数；极善之人，数固拘他不定；极恶之人，数亦拘他不定。汝二十年来，被他算定，不曾转动一毫，岂非是凡夫？"

余问曰："然则数可逃乎？"

曰："命由我作，福自己求。诗书所称，的为明训。我教典中说：'求富贵得富贵，求男女得男女，求长寿得长寿。'夫妄语乃释迦大戒，诸佛菩萨，岂诳语欺人？"

余进曰："孟子言：'求则得之'，是求在我者也。道德仁义可以力求，功名富贵，如何求得？"

云谷曰："孟子之言不错，汝自错解耳。汝不见六祖说：'一切福田，不离方寸；从心而觅，感无不通。'求在我，不独得道德仁义，亦得功名富贵，内外双得，是求有益于得也。若不反躬内省，而徒向外驰求，则求之有道，而得之有命矣，内外双失，故无益。"

了凡回答为什么不起妄念：荣辱生死，皆有定数。想来想去，想也是白想，所以也没啥可想的。

孔先生的预测，给了凡带来一次又一次震撼，对其人生结局的预测，如同一记狠狠的暴击。在了凡的认知世界里，这个糟糕的命运剧本早就已经拟定了，孔先生已经向他做了"剧透"。人生这出戏，不知道谁是编剧，只知道自己是演员，了凡认为自己没有能力去改写这个剧本，所以提前的"剧透"使他感觉索然无味。看不到命运变化的可能性，他心如死灰。

禅师笑道："我本以为你是个豪杰，原来你是凡夫"。

了凡疑惑不解，于是禅师说出了人类的一个大秘密：人未能达到"无心""无我"的境界，就会被周遭束缚，命运之定数，岂可或缺？然而，在凡夫俗子之外，尚有两种人不受其局限：一是极善之人，一是极恶之人。

人们除了先天的"定量"，还有后天的"变量"。极善和极恶之人，后天的"变量"太过于强大，就改变了原有的命运轨迹。

就像环境可以造就人才，也可以毁了一个人，这已经不是什么新鲜事了，我们无法选择出生，但是后天的环境却是可以通过自己的努力改变的。宋朝王安石笔下所写的方仲永 5 岁就能作诗，最终却沦为普通人。晚清曾国藩小时候很笨，甚至被一个小偷鄙视，但他奋发图强，终成一代名臣。

所以禅师讲，你袁先生的命运二十年来被孔先生算定，没有一丝一毫的改变，不是凡夫是什么？

理解，不代表接受；话听懂了，不代表就信了。

了凡还是不太相信：既定的命数，我们也可以摆脱吗？

了凡是儒生，禅师就先从儒家的思想谱系里提供理论支撑。他说："命由我作，福自己求。"这是儒家经典里讲的，实在是智慧高明的箴言训条啊。

可了凡还是有点疑惑，孟子讲"求则得之"，是求在我者也。还搬出了孟子的名言，"求则得之，舍则失之，是求有益于得也，求在我者也。求之有道，得之有命，是求无益于得也，求在外者也"。用孟子的话进行驳诘，看你老和尚还有什么话讲。了凡认为，内在的道德仁义可以力求，外在的功名富贵只能听天由命。

禅师说，孟子讲的很对呀，但是你理解错了。内外都能双得，是因为所求是有益于得到的。如果不反躬自省，一味徒然向外追求，那就只能听天由命，内外双失，所以这种求是无益于得到的。禅师强调的是，内和外，是统一的，是可以"双得"的，不能割裂开来。

云谷禅师引用禅宗六祖慧能大师来解释："一切福田，不离方寸；从心而觅，感无不通。"这句话的意思是，所有的福田，都不离方寸之心，用心追求，想感召的事物都能通达，都能实现。禅师还鼓励了凡，要勇敢地做自己命运的设计师，而我们的心灵，就是改变命运的决定性因素——所有一切的改变，都要从"心"开始。

因问："孔公算汝终身若何？"

余以实告。

云谷曰："汝自揣应得科第否？应生子否？"

余追省良久，曰："不应也。科第中人，类有福相，余福薄，又不能积功累行，以基厚福；兼不耐烦剧，不能容人；时或以才智盖人，直心直行，轻言妄谈。凡此皆薄福之相也，岂宜科第哉。

地之秽者多生物，水之清者常无鱼，余好洁，宜无子者一；和气能育万物，余善怒，宜无子者二；爱为生生之本，忍为不育之根，余矜惜名节，常不能舍己救人，宜无子者三；多言耗气，宜无子者四；喜饮铄精，宜无子者五；好彻夜长坐，而不知葆元毓神，宜无子者六。其余过恶尚多，不能悉数。"

禅师问了凡，孔先生给你预测的命运是怎样的？了凡如实相告。

禅师说道：你感觉自己应不应该金榜题名，应不应该有儿子？

禅师开始循循诱导让了凡反省。了凡想了很久答道：科举成功的人，都是有福相的，我的福太薄了，又不能积累功德去增加我的福报；而且，我不喜欢繁杂琐碎的事情，心胸狭窄不能容人。有时候会觉得自己的才华智慧比别人强，心直口快，啥都敢说。这些都是福薄之相啊，怎么能够有益于科举的成功呢。

了凡很真诚地剖析自己，从情商上进行反省，急躁毛糙的人情商低，是很难当官的，缺乏稳重就是不行。他把自己说得很不堪，也很透彻。

关于生子的问题，了凡讲，不干净的地上容易滋生动植物，太清的水里往往没有鱼。我喜欢干净，有洁癖，这是不适合生子的第一条原因。和气能孕育万物，而我的脾气不好，爱发脾气，这是不宜生子的第二个原因。仁爱是万物生长的根本，残忍冷漠是不能孕育万物的根本。我有时候过于爱惜名声，不愿意放下面子舍己救人，这是不宜生子的第三个原因。我爱说话，多言耗气，气血不足会影响身体健康，这是第四个原因。我还喜欢喝酒，酒精性热，会灼杀精子，这是第五个原因。我还喜欢彻夜长坐，不知道保养元气和精神，这是第六个原因。还有其他很多毛病，太多了，不能一一细说。

这场谈话，了凡深刻分析了自己没有取得功名和无子的原因。他后来成功地逆转了人生，还在求官、求子两方面写下大量指导性专著。其中，科考方面的辅导用书，今天看来已经没有太多的实际参考价值，但在求子的问题上，了凡撰写的专著《祈嗣真诠》，依然有很高的指导意义。

云谷曰："岂惟科第哉。世间享千金之产者，定是千金人物；享百金之产者，定是百金人物；应饿死者，定是饿死人物；天不过因材而笃，几曾加纤毫意思。

即如生子，有百世之德者，定有百世子孙保之；有十世之德者，定有十世子孙保之；有三世二世之德者，定有三世二世子孙保之；其斩焉无后者，德至薄也。

汝今既知非。将向来不发科第，及不生子之相，尽情改刷。务要积德，务要包荒，务要和爱，务要惜精神。从前种种，譬如昨日死；从后种种，譬如今日生；此义理再生之身也。

夫血肉之身，尚然有数；义理之身，岂不能格天。《太甲》曰：'天作孽，犹可违；自作孽，不可活。'《诗》云：'永言配命，自求多福。'孔先生算汝不登科第，不生子者，此天作之孽，犹可得而违；汝今扩充德性，力行善事，多积阴德，此自己所作之福也，安得而不受享乎？

《易》为君子谋，趋吉避凶。若言天命有常，吉何可趋，凶何可避？开章第一义，便说：'积善之家，必有余庆。'汝信得及否？"

余信其言，拜而受教。因将往日之罪，佛前尽情发露，为疏一通，先求登科；誓行善事三千条，以报天地祖宗之德。

云谷禅师开导了凡：何止是科举呢？世间有享有千金财富的，一定是有千金福报的人物；享有百金财富的，一定是有百金福报的人物；应饿死的人，一定是有饿死因果的人物。上天命运的安排不过是根据他是什么材料而培养他，没有增加一丝一毫自己的想法。

"天不过因材而笃"，出自《中庸》第17章，孔子称赞上古舜帝："大德必得其位，必得其禄，必得其名，必得其寿。故天之生物，必因其材而笃焉。"

云谷禅师讲，比如生子，有百世之福德，就一定有百世的子孙保证家道的传承，有十世的福德，就有十世的子孙保证家道的传承；有三世二世的福德，就有三世二世的子孙保证家道的传承。没有后代的，是因为福德太薄了。

禅师告诫了凡，你既然知道问题出在哪儿了，以前不能科举成功、不能生子的各种福薄之相，要尽力洗刷改变。务必努力积德，务必多包容，务必对人保持和蔼仁爱，务必努力珍惜自己的精神。从前种种的一切当作在昨天死了，以后各种的一切都当作今天开始新生，这就是你得到重生的义理之身。血肉之躯，是有命数的，而义理之身，难道不能感动上天，改变命运？

曾国藩读《了凡四训》读到这里，大受震动，从此改名号为"涤生"，他在日记中写道："涤者，取其旧染之污也，生者，取明了凡之语，'从前种种，譬如昨日死，从后种种，譬如今日生'。"

禅师鼓励了凡：孔先生说你不能科举成功、不能生子，是因为你过去犯了错，还是可以转变的。你现在开始提升福德，多做善事，多积阴德，这是自己作的福，怎么不能享受相应的福报呢？《易经》里为君子们提供了许多趋吉避凶的方法，如果命运是不可改变的，吉如何能趋，凶如何能避？所以《易经》开篇第一个道理，讲的就是"积善之家，必有余庆"。你理解到位了吗？

听了禅师的开导启示，了凡恍然大悟，拜谢禅师的教诲。他深刻认识到了自己的错误，在圣贤面前静思己过，并下定决心改正。

了凡还写下一篇文疏，在圣贤面前祈求科举成功，并许愿做三千件善事，以报效天地祖宗的养育恩德。

古代臣子写奏章向皇帝进奏，叫作上疏。圣贤佛前表达祈愿的文疏，也叫上疏。求功名，求妻，求子，都可以在圣贤像前上疏，但一定要诚意正心。合情合理的需求并不难实现，而实现愿望的过程，也是迁善改过的过程。如果只是带着一颗贪婪的妄心，追求非分的对象目标，又怎么能得到真实的感应呢？

人们常讲心诚则灵，怕的是心不诚，怕的是明明心不诚，还自以为是真诚心。"口头禅"解决不了现实生活中的问题，许下愿望还不够，更需要认认真真地改变自己，既要有智慧上的提升，也要有道德上的自律。了凡就很有诚意，先干起来，他树立了一个小目标：做三千件好事。这就体现了他对天地祖宗的一片感恩之心。让行善成为习惯，就是对这个世界最好的感恩。

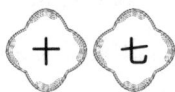

（十）（七）

功过格：道德自律的数字化管理

接着看《了凡四训》原文——

云谷出功过格示余，令所行之事，逐日登记，善则记数，恶则退除。

从莫向外求的角度来讲，求佛不如求己。

从心佛不二的角度来讲，求佛就是求己。

了凡发心要做三千件善事，这可不是容易的事，能不能坚持下去呢？人们常讲，勇猛心易发，恒常心难持。《诗经》有云，"靡不有初，鲜克有终"。

了凡表态了，云谷禅师很欣慰。禅师随即拿出一本"功过格"给了凡，叫他把每天做的事情都记录下来，做了好事就记分，做了恶事就减分。这是在自律修身方面，标准的数字化管理，今天的人们可以将之视为自发进行的道德KPI（Key Performance Indicator，意指关键绩效指标）量化考核。

云谷禅师向袁了凡传授的"功过格"，将拯救生命视为最大的善。功格最高一档"准百功"，列有四项：救免一人死、完一妇人节、阻人不溺一子、为人延一嗣。相应的"准百过"四项行为是：致一人死、失一妇人节、赞人溺一子女、绝一人嗣。

需要注意的，这一档功过，很重视妇女的名节。因为儒家意识形态占主流的时代，对妇人失去贞操的宽容度是很低的，"失节"等同于"社会性死亡"。此外，道家真人讲"万恶淫为首"，佛教则将淫欲视为六道轮回的根本，佛教和道教都要求弟子遵守"不邪淫"的戒律。同样，许多西方宗教，一样把婚姻之外的性行为，列入教规里禁止的行为。

无论是按照明代的法律标准，还是按照当今时代的法律标准，"功过格"对善恶行为的许多评价标准是有待商榷的。触犯法律的事情，自有国法来处置。道德毕竟属于个人修养，"功过格"这种评价标准只是一种"方便法"——想必依云谷禅师的身份，何尝不知佛教标准里诵经、礼忏、念佛、建寺、造佛像的功德无量无边，但在"功过格"里却将其归入最低的功格档级。可见，云谷禅师向袁了凡推荐的"功过格"，是充分考虑儒家文化占据意识形态统治地位和社会主流的时代现状，以公序良俗为基本依据，从而制定的方便普罗大众修身养德的实操规则。"功过格"不是法律，所以不具备强制性，它的出现，是为有志于提升道德修养的人们提供日常遵循的规范。换句话说，它是用于"自律"的，而不是用于"律他"的。

云谷禅师传授的"功过格"，不仅是道德意义上的劝善之作，更是智慧意义上的教育开导。比如对了凡这样渴望科举成功的读书人，正是有了求取功名的强烈的世俗目的做驱动，他们才有行善积德的坚定意愿，才会高度强化道德自律的数字化管理。在改过行善的过程中，人们杀生、偷盗、邪淫、妄语等不良行为逐渐减少，贪婪、嗔怒、傲慢、冷漠、刻薄等不良心理性格得到修正，精神面貌为之一新，欲望妄念得到控制，大脑思维也会因而提升效能，读书考试成绩提升就是最直接、最现实的反馈。

了凡欣然接受了云谷禅师传授的"功过格"，他应该是云谷禅师所授功过格的第一批"种子用户"。他随后就要实现的个人功名和命运突破，将为成千上万的读书人提供完美的推广案例。

作为全新升级的"功过格"使用体验者，了凡对禅师的教导身体力行，做满了三千件善事，还将这个版本的"功过格"传播开来。二十年后任宝坻知县时，他还每日记录"为官功过格"，成为清廉自守的榜样，也让"功过格"的应用场景，从个人修德，扩展到净化官场风气的更广的领域。

在了凡的推动之下，"功过格"在备考应举的士子们中间非常受欢迎。对了凡抱有敌意的朱子理学名流大家哀叹："袁黄（了凡本名袁黄）功过格竟为近世士人之圣书"。

阳明心学泰州学派的领袖之一周汝登，与了凡进行旷日持久的讨论之后，也成为"功过格"的忠实用户，还高度评价了云谷禅师的开示："明祸福由己，约造化在心，非大彻者不能道。谓非上乘法，不可也。"

有人质疑"功过格"：道德层面的善也能用数量来统计吗？周汝登强调了"功过格"本身自带的提醒功能，他更看重记录"功过格"这种仪式感本身自带的道德净化作用，他说：当我们在统计善或者说记录善的时候，我们的善念就会盎然溢于全身。

在了凡身后，又出现形形色色的"功过格"版本，有的版本还专门列出"不费钱"的功德条例，以指导穷人们方便行善。清代学者彭绍升在《袁了凡居士传》中写道：了凡死后上百年，"功过格"

还在世上盛行，人们想行善首先想到要效法的，就是了凡。

曾任中国民主同盟中央主席的沈钧儒，16岁时就力行了凡的"功过格"，每天入睡前检讨身心，改过从善。

大约二十年后，了凡撰写育儿专著《祈嗣真诠》，其中开篇前两个篇章分别以"改过"和"积善"为主题，从某种意义上，可视为对"功过格"的使用说明书。了凡去世一年之后，有智者将《祈嗣真诠》的"改过""积善"二篇和《立命文》合成一书出版，基本上形成了《了凡四训》的主体内容。

功格	事项	过格	事项
准一功	疏河掘井、修置三宝寺院、造三宝尊像、及施香烛灯油等物，施茶、施棺等一切方便事 不负寄托财物 劝人出财做种种功德 让地让产 代人完纳债负 不义之财不取 还人遗物 饶人债负 散钱粟衣帛济人 做功果荐沉魂 赞一人善 见杀不食 掩一人恶 闻杀不食 劝息一人争 为己杀不食 阻人一非为事 葬一自死禽类 济人一饥 放一生 留无归人一宿 救一细微湿化之属命 救人一寒 施药一服 施行劝济人书文 诵经一卷 礼忏百拜 诵佛号千声 请善法谕及十人 兴事利及十人 拾得遗字一千 护持僧众一人 不拒乞人 接济人畜一时疲顿 见人有忧善为解慰 肉食人持斋一日	准一过	背众受利伤用他钱 负贷 负遗 负寄托财物 因公持势乞索巧索取 取人一切财物 废坏三宝尊像以及殿宇器用等物 斗秤等小出大入 贩屠刀渔网等物 见人忧惊不慰 役人畜不怜疲顿 没人一善 不告人取人一针一草 唆人一斗殴 遗弃字纸 心中暗举恶意害人 暴弃五谷天物 助人为非一事 负一约 见人盗细物不阻 醉犯一人 见一人饥寒不救济 诵经差漏一字句 僧人乞食不与 拒一乞人 食酒肉五辛诵经登三宝地 食一报人之畜等肉 杀一细微湿化属命 覆巢破卵

准三功	受一横不嗔 劝养茧渔猎人屠人等 任一谤不辨 改业 受一逆耳言 葬一死畜类 免一应责人	准三过	嗔一逆耳言 毁人成功 乖一尊卑次 见人有忧心生畅快 责一不应责人 见人失利失名心生欢喜 播一人恶 见人富贵愿他贫贱 两舌离间一人 失意则怨天尤人 欺狂一无识 分外营求
准五功	劝息一人讼 劝止传播人恶 传人一保益性命事 供养一贤善人 编纂一保益性命经法 祈福祉灾许愿不杀生 以方术救人一轻疾 救一无力报人之畜命	准五过	讪谤一切正经法 传造一诨名歌谣 见一冤可白不白 恶口犯平交 遇一病求救不救 杀一无力报人之畜命 阻绝道路桥梁 非法烹炮生物使受疾苦
准十功	荐引一有德人 发至德之言 除人一害 有财势可使而不使 编纂一切众经法 善遣妾婢 以方术治一人重病 救一有力报人之畜命	准十过	排一有德人 修合害人毒药 荐用一匪人 非法用刑 平一人坟 毁坏一切正法经 凌孤寡 诵经时心中杂想恶事 受蓄一失节妇 外道邪法授人 蓄一杀众生具 发损德之言 恶语向尊亲、师长、良儒 杀一有力报人之蓄命
准三十功	施一葬地与无土之家 完聚一对夫妇 化一非者改行 收养一无主孤儿 度一受戒弟子 成就一人德业	准三十过	造谤诬陷一人 反背师长 摘发一人阴私与行止事 抵触父兄 唆一人讼 离间人骨肉 毁一人戒行 荒年囤积五谷不售
准五十功	免堕一胎 救免一人流离 收养一无倚 救免一人军徒重罪 葬一无主骸骨 发一言利及百姓 白一人冤 当欲染境守正不染	准五十过	堕一胎 致一人流离 破一人婚 致一人军徒重罪 抛一人骸 教人不忠不孝大恶等事 谋人妻女 发一言害及百姓
准百功	完一妇女节 为人延一嗣 救免一人死 阴人不溺一子女	准百过	致一人死 赞人溺一子女 失一妇人节 绝一人嗣
功汇总		过汇总	

接着看《了凡四训》原文——

　　且教持准提咒，以期必验。

　　语余曰：符箓家有云：不会书符，被鬼神笑；此有秘传，只是不动念也。执笔书符，先把万缘放下，一尘不起。从此念头不动处，下一点，谓之混沌开基。由此而一笔挥成，更无思虑，此符便灵。凡祈天立命，都要从无思无虑处感格。

　　在功过格之外，云谷禅师还向了凡传授了准提咒，并向了凡讲述了道家符箓产生效能的秘密，就是三个字："不动念"。执笔书符时，先把乱七八糟的牵挂都放下，一尘不起。从念头不动处，画下一点，称之"混沌开基"。完整的一道符，都是从这一点开始画起，这一点是整个符的根基所在。从这一点开始一直到画完整个符，如果能保持心念的纯粹，不起杂念，专心致志，那么这样的符箓便更具力量。因此，云谷禅师强调，无论是有所祈愿，还是寻求命运的转变，关键在于在无思无虑、心无妄念的状态下，寻求内心的通达与明澈。

　　孟子论立命之学，而曰：夭寿不贰。夫夭与寿，至贰者也。当其不动念时，孰为夭，孰为寿？细分之，丰歉不贰，然后可立贫富之命；穷通不贰，然后可立贵贱之命；夭寿不贰，然后可立生死之命。人生世间，惟死生为重，曰夭寿，则一切顺逆皆该之矣。

　　至修身以俟之，乃积德祈天之事。曰修，则身有过恶，皆当治而去之；曰俟，则一毫觊觎，一毫将迎，皆当斩绝之矣。到此地位，直造先天之境，即此便是实学。

汝未能无心，但能持准提咒，无记无数，不令间断，持得纯熟，于持中不持，于不持中持。到得念头不动，则灵验矣。

云谷禅师不仅了解道家的学问，也了解儒家的学问。他引用了儒家"亚圣"孟子的学说。孟子论立命之学，说"夭寿不贰"。夭是短命的意思，寿是长命的意思，这是相互对立的两个概念。为什么说不贰呢？孟子作为孔子之后的儒家第二位圣人，自有卓尔不凡的见识与思想境界。孟子说，无思无虑不动念头时，孰为夭，孰为寿？没有分别，没有执着，就"不贰"了。同样的道理，丰富与匮乏视为没有两样，就可以决定命运的贫富；穷困和发达视为没有两样，就可以决定命运的贵贱；短命与长寿视作没有两样，就可以决定生命之长短。人生世间，惟死生为重，提到夭寿，一切顺境逆境都包含在内了。

至于孟子所讲的"修身以俟之"，就是积德祈天之事。所谓"修"，就是身有过失恶行，都应该消灭去除；所谓"俟"，就是哪怕一毫非分觊觎的欲望、一毫攀缘逢迎的念头，都应当斩断杜绝。到这地步，直达先天之境。如果能这样，才是真正的学问，才能开启真正的智慧。

最后，落到准提咒的修持上。云谷禅师对了凡讲，你还没达到"无心"的境界，只要能用心念咒，不要去记、去数自己念了多少遍，只要不间断，持续念诵达到纯熟的程度，于持中不持，于不持中持，达到一种不为外物所动的境界。这和前面所谓的符箓家例子一样，都强调了在无杂念、无妄想的纯净心境中，去体会准提咒的深意与力量。

十 八

名字有讲究，改名便不同

接着看《了凡四训》原文——

余初号学海，是日改号了凡；盖悟立命之说，而不欲落凡夫窠臼也。

从此而后，终日兢兢，便觉与前不同。前日只是悠悠放任，到此自有战兢惕厉景象，在暗室屋漏中，常恐得罪天地鬼神；遇人憎我毁我，自能恬然容受。

受到云谷禅师带来的心灵震撼之后，了凡修改了自己的名号。原来，他的号叫"学海"，当天就改为"了凡"。

在中国古代，人的姓名有相当讲究的文化体系。社会氏族以母系为中心的时代，男女没有固定的配偶，导致新生下来的孩子不知道父亲是谁，只知道母亲。在群居的家族里，母亲成了后代子女唯一可以确定的血亲，所以就产生了以母为姓的族落。上古时期共有八大姓，分别是：姬、姜、姚、嬴、姒、妘、妫、姞，都带女字。周朝时期周天子为姬姓，周天子分封诸侯国后，许多诸侯就根据自己的封地而改姓，因此演变出了更多的姓氏，像齐国齐姓，赵国赵姓等。了凡的祖先袁氏姓源主要出自姚姓，即为舜帝姚重华的后代。

随着社会生产关系发生变化，母系社会逐步演变为父系社会，男权高于女权，男人处于领导地位，女性婚后要跟丈夫姓。比如了凡的母亲李氏嫁给袁仁之后，就要跟袁姓，称作袁李氏。不仅是在中国，这在全世界范围内也是普遍现象，至今欧美许多国家男女结婚后还要妇随夫姓，比如美国的女强人希拉里嫁给克林顿之后，就要跟丈夫的姓。

同一个姓的家族人口众多，也要对不同的个体进行区分，于是就要在姓后加名，中国人的名一般都是一个字或两个字。除正式的名外，有的还有小名、乳名。了凡生下来，父亲给他取名为袁表，字庆远。字是从名派生出来的第二称谓，一般为两个字，其意和名的字义相关联。例如诸葛亮，字"孔明"。据《礼记》记载，男子20岁成年举行冠礼，可根据本名含义而取"字"。从周朝起，等级秩序和宗法制度就开始约束人们之间的称呼，对上级或长辈直呼其名，被视为不敬，于是又从"名"演化出"字"。上对下、长对幼，一般可以直称其名，下对上、幼对长或同辈尊称，一般则称其"字"。

"号"是一个人"名"和"字"以外的第三种称呼。号也分两种，一种是自号，古代文人士大夫喜欢用来表示自己的思想志趣，比如叫什么什么散人，或者什么什么居士，这些人未必是道家或佛家的修行人，他们只是喜欢相关的文化，或乐于给自己贴上相关的标签。第二种是人号，即他人为表示尊敬，用其官职、出生地或死后的谥号来称呼。如杜甫曾做过工部员外郎，世称"杜工部"；唐代文学家韩愈是昌黎人，世称"韩昌黎"；宋代名将岳飞死后的谥号是"武穆"，世称"岳武穆"；宋代名臣范仲淹死后的谥号是"文正"，世称"范文正"。

中国人在名字里寄托了许多美好的愿望，有求真的、求善的、求美的，也有求财、求官、求福的。上千年的民间信仰普遍认为，名字取得太大，会对普通人带来无形的压力，如果自己的能量压不住自己的名字，就会出现厄运，所以许多父母从小给孩子起了各种"丑""臭"之类的贱名，或以"狗""猪"等家养的小动物命名，以利于孩子的健康生养与成长。

中国汉字与现代西方文字的重要区别，在于后者强调读音的功能，真正的意思藏在读音里，一听音就明白什么意思了，而前者不仅有读音的功能，还有象形、指事和会意等功能——这就是汉字的优越与强大，具有强大的文化能量。

不仅是中国殷商时代的甲骨文，古埃及文字、古巴比伦文字以及玛雅文字等很多古代文字最初都是由巫师和祭司来掌握的，作为天人感应的媒介。古代识字率低，中国后世的史官实际也是从祭司这类神职人员发展而来，所以有学者认为"仓颉造字，鬼神夜哭"的说法或非虚构，而是远古传承的洪荒记忆。

中国社会自古至今，养成了对文化传承载体的高度尊重，"敬惜字纸"成为中华民族的优秀传统。带字的纸张，尚且如此重视，何况名号里的文字呢？了凡改号，就是要刷新人生，先从名号开始，重建自己的命运结构。

袁表，字庆远，这个名字代表了父亲袁仁对儿子的期待，"表"有楷模、模范之意，而"庆远"，则寄托了吉庆久远的愿望。袁表自号"学海"，有明显的儒生求学、做学问的取向。改"学海"为"了凡"，就是经过云谷禅师的开示之后，认知系统已经刷新，不能再落凡夫俗子的老套窠臼——不做认命的凡夫，要做自己决定命运的豪杰。从此，了凡的人生境界，便大不相同。

了凡的心理状态也有显著变化：以前悠悠放任，现在战战兢兢，小心谨慎，充满了警惕和敬畏，一个人独处的时候，经常害怕自己的不良言行获罪于天，遇到他人的厌恶和毁谤，也能欣然宽容。古人也讲"慎独"，了凡能做到时时戒慎恐惧，从政以后就是清廉的官员，因为他对自然、对社会抱有敬畏之心。

改名有用吗？至少在了凡这里，可以说有用。名、号的改变，如同对外正式宣布人生新的发展方向。名号的改变，既富于仪式感的表态，又自带强制的提醒和监督功能。"了凡"这个新名号每一次被使用，都会强化名号主人和大众的心理认知，都相当于释放祈愿的能量，不停地"向宇宙下订单"。因此，名、号的改变，往往是命运轨迹发生改变的先声。

了凡很快就迎来人生命运的一大突破。

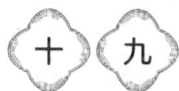

十九

考试改变命运，算命的预测不准了

接着看《了凡四训》原文——

到明年礼部考科举，孔先生算该第三，忽考第一；其言不验，而秋闱中式矣。

"栖霞对话"之后的第二年，也就是隆庆四年（1570），了凡参加南京礼部举行的国子监考试，按孔先生的预测该得第三名，忽然考了第一名。这是之前从未有过的突破——孔先生"失算"了。

了凡怀疑自己的命运轨迹已经发生改变，他需要进一步的确认。

当年秋天参加乡试，了凡考中举人！当初预测，了凡最高的功名只是贡生。从此，了凡彻底发现孔先生对他的预测失灵了。他终于可以走出那段心理阴影，终于不再背着先天宿命论的压制而轻装前行了。

起初，了凡并没有怀疑孔先生算错了，因为他的一生走到中年，几乎每一步都被算准，连考试的名次、吃多少廪米都能算准。现在突然有了改变，是因为他积累了强大的后天变量，命运轨迹成功实现了突破。

了凡依然应该感谢孔先生，正是孔先生的出现改变了母亲的态度，扭转了他的人生方向，使他开始朝着科举仕途发展。

中举，虽然不如考中进士那般荣耀，但对袁氏家族依然意义非凡。它意味着上百年的忍耐屈辱之后，家族传承终于在世代行医之外有了新的成就，实现了科举功名上零的突破，职业转型终于成功。这既是了凡个人发展的里程碑，也是整个袁氏家道振兴的里程碑。

从18岁拿到秀才身份，到38岁取得举人身份，二十年青春年华，最宝贵的一段光阴，了凡都在为科举而奋斗。经历了五次"大比"的失利之后，他终于拿到科举生涯的第一个大奖。在这样一个标志性的时刻，他可以发表一番涕泪交下的获奖感言。

首先应该感谢的是母亲。这一路走来，母亲是最辛苦的，要常常陪儿子读书到深夜，还要照顾整个家庭的生活，最小的儿子和两个孙子同时入学，可以想象她的抚育之苦。了凡五次乡试失利，母亲都要承担儿子传导的心理压力，并对他进行鼓励和劝导。她有着宽厚的胸怀、坚强的意志，正如袁仁的朋友们所讲的那样，这位夫人有大丈夫的气概。根据五弟袁衮在《庭帏杂录》里的回忆，了凡中举的喜报传到家里时，母亲脸上非常镇定，没有流露一丝喜色，而是教育小儿子：你的祖父和父亲读尽天下书，你哥哥已经成名，你要更加努力啊。儿子中举，母亲居然一脸平静，看不到一丝喜悦，说明她对儿子的能力毫不怀疑，中举早在其意料之中，也说明在母亲的世界观和价值观里，中举只是世俗间的浮华虚荣，没什么值得惊喜的。根据儿子袁衮的回忆，母亲李氏平日念佛，"行住坐卧，皆不辍"。她说这是为了收心，"一提佛号，万妄俱息，终日持之，终日心常敛也"。

当然，也要感谢父亲袁仁从小对他的培养，教他读书，教他写字，让他继承家传的绝学、奠定科举学习的基本功，还教他培养道德自省、修身养性的习惯。再往前感谢，还要感谢袁氏历代祖先百年耕读传家积累的家学渊源，以及数代行医积累的深厚福德和深广人脉。

当然也要感谢几位兄长，尤其是三哥袁裳。兄长们从小就辅导他读书写字，成家后个个行医，共同支撑着家族的医学传承和医道尊严。兄嫂们的和睦相处、齐心尽孝，也为了凡全力以赴投入科举事业解决了后顾之忧。

同时也要感谢学馆老师郁海谷的教导，以及诸多同学亲友的鼓励与支持。嘉善新任知县许磁在县城开辟思贤书院，邀请已经连续五次乡试落榜的了凡在书院做讲师，每月都有粮食补贴——此等欣赏、信任与支持，也应在感谢之列。

此外，还要感谢二十年人生黄金时代结识的几位重量级领路良帅。

按时间顺序，第一位良师应该是唐顺之（字应德，一字义修，号荆川），这是震撼了一个时代的文武全才的超级学霸。唐顺之是儒学大师，也是文学鉴赏大师，他编纂了一本《文编》，选用大量的唐宋诗文，明代散文大家茅坤又在唐顺之《文编》的基础上，编写了《唐宋八大家文钞》，"唐宋八大家"的概念流传至今，可以说唐顺之初步确立了"唐宋八大家"的历史地位。唐顺之还是数学专家，擅长"孤矢割圆术"和珠算，还编写了两本数学专著——《勾股孤矢论略》和《勾股六论》，当代学者李约瑟所著的《中国科学技术史》数学卷中，列有唐顺之的数学成就。他还是内功深厚的武术家，在拳法和射箭上造诣颇高。

唐顺之曾经如同明星一般闪耀官场，他是横扫倭寇的军事家、第一代抗倭名将，还指导过新一代抗倭名将戚继光。戚继光的武术和鸳鸯阵法，都能从唐顺之的教导里找到传承。18岁那年，了凡在嘉兴天宁寺邂逅了仰慕已久的唐顺之，拜师之后作为弟子相随到杭州，朝夕相处两个月深受教诲，其间学习了兵法，以及适于实战搏斗的"阳湖拳"和"锁倭枪"，了凡后来作为兵部官员参与抗倭援朝的军事行动，并且在冰天雪地里练拳取暖，也在这段时间埋下伏笔。唐顺之也将佛教文化介绍给了凡，还曾指导他学习佛经，这些都有助于了凡的智慧提升和突破。

唐顺之还是了凡科举学习道路上的重要导师，他从科举考试的实用角度向了凡讲解"四书"。了凡整理其精华部分，编撰了《荆川疑难题意》，这本科举辅导教材广受学子们欢迎。1555年，了凡第二次参加乡试，他的文章写得很好，被阅卷房列为首位，又因关于《中庸》的观点太尖锐，最后被刷了下来。唐顺之写信勉励他："身之显晦，命也，不可得而强之。道之得失，则存乎其人，不可得而诿之。"第二年，唐顺之被严嵩一党推荐起用，他知道严嵩名声很臭，但为了国家，不得不委身投靠。唐顺之，以及另一位抗倭名将胡宗宪，虽然都被视为"严党"而备受争议，但他们是真心为国的人才。唐顺之为抗倭事业呕心沥血，没过几年就积劳成疾不幸去世。

第二位良师，当属王阳明的得意弟子王畿。了凡曾向王畿学习阳明心学，算是王阳明的再传弟子。阳明心学是儒学发展史上的一座高峰。王阳明从佛法禅理中借鉴了高妙的智慧，但又尽量避免和禅宗混为一谈，他本质上仍是儒士。尽管佛教高僧从没有人认证过王阳明的实修境界，甚至不止一位大德明确指出王阳明的知见并未达到佛教的开悟标准，但名列明代四大高僧的蕅益大师高度评价了阳明心学，认为王阳明的学说有利于接引儒门学者亲近佛法。经过王艮、王畿等亲传弟子的努力讲学和传播，阳明心学逐渐成为朝堂上的显学。从内阁首辅到会试考官，阳明心学的弟子逐渐掌握话语权，了凡的中举，也得益于主流意识形态对阳明心学的接受，否则他在科举考场还将继续扮演被打压的另类角色。阳明心学给了凡精神思想上的滋养，又给了他强大的同门人脉作为未来官场的奥援。

第三位良师，是曾经主管浙江教育的官员殷迈，正是他批准了凡补贡进入北京国子监学习。殷迈，号秋溟居士，对《楞严经》和《金刚经》有深入的研究。他对了凡不仅有科举道路上的知遇之恩，还是了凡学佛道路上的重要领路人，正是在他的推荐下，了凡才结识了南京栖霞寺高僧真节禅师，"聆其绪论，豁如也。后游金陵，必访师"。了凡后来又谨遵殷迈师命，在真节禅师座下皈依，成为佛门在家居士。

第四位良师，是推动了凡一生命运转变的大贵人——云谷禅师。云谷禅师一席对话，解开了命理学说困在了凡身上的思想枷锁，为他重新梳理了"我命由我不由天"的人生驱动程序。此外，禅师还教给了凡静坐法门，帮助他开启智慧，并传授"功过格"，帮助了凡在日常生活工作中行善改过、利益社会。

自从"栖霞对话"惊醒梦中人之后，了凡经常拜访云谷禅师，他的觉悟和能力在禅师的加持下有了明显的提升与突破。多年以后，了凡在回顾栖霞参访之后的状态时写道：次年春天在南京国子监读书，"胸中无一毫杂累，终日作文，沉思默想……颓然如醉，兀然如痴，蠢蠢然又如不晓事者，数月之后，一日偶从诸友登矶，恍然如囚人脱枷，不胜鼓舞……自后题目到手便能成章，从前许多苦心极力处皆用不着矣！"国子监求学阶段的静坐，经过云谷禅师的指导，了凡达到了"三禅"的入定境界，体会到由内而发的禅悦之乐。

了凡接受了禅宗的静坐和修行思想，智慧大长，运用"功过格"修身养德，福报大增——正是在福慧双增、福至心灵的状态下，很快他迎来了人生的第六次"大比"。这场会试，他取得了第 36 名的成绩，成功中举。曾经高度准确的命理预测，在他身上彻底失灵了！

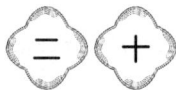

二十

三千善行，历十余年

接着看《了凡四训》原文——

然行义未纯，检身多误。或见善而行之不勇；或救人而心常自疑；或身勉为善，而口有过言；或醒时操持，而醉后放逸。以过折功，日常虚度。自己巳岁发愿，直至己卯岁，历十余年，而三千善行始完。时，方从李渐庵入关，未及回向。庚辰南还。始请性空、慧空诸上人，就东塔禅堂回向。

了凡许下愿望做三千善行求功名，结果第二年就中举了。三千件善事的完成还早着呢。他晚年进行了反省，认为当时践行道义发心未纯，检查自己发现诸多错误：或看到应行的善事，但行动不够积极；或遇到救人，心里常常怀疑该不该救、是不是救错了；或勉强行善，但常说有过失的话；或清醒时能坚持操守，但醉酒后就放肆失控。以过失来折抵善功，等于啥也没干，光阴常是虚度。从己巳年听到云谷禅师的教训，许下愿望要做三千件善事，直到己卯年，经过了大约十年，才把善事做完。

行善不是一件容易的事情，有时候看到乞丐，人们常常习以为常，变得麻木。有时候遇到救人，又怀疑身处险境的人或许是应该倒霉的坏人，或者担心救人之后会不会被人讹上。道德是用来自律的，不是用来指责他人明哲保身的。管不了别人，就管好自己，难行能行，难忍能忍，才最见一个人的精神底色。了凡能用十年时间完成三千善行已殊为不易。如果没有"功过格"的帮助，恐怕他连行善改过的日常习惯都养不成，毕竟还是肉身凡胎，把仪式感拉满，内心才有更大的动力。

"时，方从李渐庵入关，未及回向。"三千善行功满的时候，了凡刚和李世达（字子成，号渐庵）从关外回到关内，没来得及把所做的善事"回向"。这句话信息量很大。

从中举那年至此，已有十年光景，了凡的科举事业，又像秀才身份时期那样停滞不前，他已经在京城的会试中经历了三次失败。万历五年（1577）第三次会试，了凡头场考试的文章得到考官们的称赞，打算列为第一名，但其第三场的策论观点冒犯了主考官，不幸落第。这次落第之后，他感到非常悔恨，为了表示谦虚之意，他把名字改为袁黄，字坤仪。"了凡"还是他的号。

了凡已经名满天下，命运似乎还要继续考验他。万历六年（1578），新任浙江巡抚李世达就职，招了凡加入幕僚，做其私人顾问。李世达以正直清廉闻名，他久闻了凡大名，非常赏识了凡的才学。不久李世达又因病辞职，回陕西老家养病。心情低落的了凡决定跟随李世达，顺道去终南山归隐——母亲已在六年前去世，相伴多年的结发妻子高氏也刚刚因病去世，无儿无女孑然一身的了凡，此时了无牵挂。

万年七年（1579）的夏天，了凡在终南山见到了李世达介绍的修道人梅翁，准备拜师修行，但聊着聊着，梅翁发现了凡的才学远在自己之上，他坦然归还拜师礼，并将自己的老师——一位姓刘的隐士介绍给了凡。

刘隐士也是一位奇人，他向了凡传授了兵法，并预言了凡是丙戌年的进士，希望这位尘缘未断的后生不要在终南山做隐士，还是走仕途报效国家比较好。

刘隐士精准预测了了凡的功名。后来，了凡果然在丙戌年，即万历十四年（1586）参加第六次会试并金榜题名。

在了凡的回忆里，并没有刘隐士给他算命的经历，想必在深山里修道的隐士已经不屑于再搞这些世间的闲伎俩。

了凡师从刘隐士学习兵法之后独行塞外，以黄冠道士的形象浪迹一年多，此行并非修道，而是暗地考察边防地形，将华北和东北边镇的山川、关隘、营垒等资料了如指掌。

未来，了凡的军事才华还将大放光芒。人生的路，每一步都不白走。

二十一

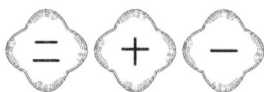

明朝进士告诉你如何老当益壮、求子得子

接着看《了凡四训》原文——

遂起求子愿，亦许行三千善事。辛巳，生男天启。

余行一事，随以笔记。汝母不能书，每行一事，辄用鹅毛管，印一朱圈于历日之上。或施食贫人，或买放生命，一日有多至十余圈者。至癸未八月，三千之数已满。

复请性空辈，就家庭回向。

或许是三千善行产生的功德力，了凡回向圆满之后，很快结束单身生活，迎娶来自嘉善望族的沈槃之女，有了温暖的家庭。沈家和袁家是世交。沈槃是袁仁的知交好友，二人都是"诗社"里诗酒唱和的成员。沈槃的儿子沈大奎也和了凡是好友，他们曾一同拜访王畿参悟阳明心学。

新婚宴尔，了凡又生起了求子的愿望，又许下三千件善事。第二年，了凡49岁的时候，儿子出生了，取名天启。

孔先生当年预测的"命中无子"，也在了凡身上失灵。

袁家几代行医，福泽深厚，娶来的媳妇也都是贤良淑德。沈氏非常支持丈夫行善。了凡每行一件善事，都随手用笔记录下来。而沈氏不识字，每行一件善事就用鹅笔管沾上印泥，在家里的日历上印一个红圈。或是施舍食物给贫苦之人，或是买来活物放生，有时候一天就能做十余件善事，在日历上盖十几个红圈。沈氏给儿子做冬天穿的袍子，打算买棉絮做内里。了凡问："家里有轻暖的丝绵，为何还要买棉絮呢？"夫人说："丝绵昂贵，棉絮便宜，我想把家里的丝绵拿去换棉絮，这样就可以多做几件棉袄，送给穷人过冬。"这一节俭布施的思维，与了凡的母亲一脉相承。了凡很高兴，他夸奖了妻子，说妻子能这样做，就不担心他们的孩子没有福报了。

夫妻同心，行善精进，从树立目标到完成，只用了四年时间。了凡又请性空法师等僧人到自己家里做回向。

从这段话可以看出，了凡是越来越懂行善了。除了施舍食物给贫苦之人，夫妻二人还经常放生，这可以说是世间积累福报的好方法。

许多人不太理解中国传统社会为什么那么重视血脉的传承，为什么那么重视子孙的延续，甚至还有些对现状不满意的人会说，活着这么累，这么辛劳，这么痛苦，为什么父母要把他们带到世上来……总之，他们会抱怨父母，他们不珍惜自己的生命，也对自己基因的延续兴趣不大。这些人，认知上是有很大局限的。他们只看到父母结合之后生下自己这一段，就认为是父母把他们强行带到这个世界，认为父母既然把他们带到这个世界，就必须对他们负责，于是就有了很多对父母的依赖，甚至还有人理所当然地做起了"啃老族"。有些父母也认为是自己把孩子带到这个世界，所以理所当然地要为孩子的一生负责。这种认知模型，造成了许多家庭悲剧。

但是，也有人并不认为是父母强行把自己带到这个世界，而是将父母视为自己来到这个世界的通道。不是父母选择了他们，而是他们选择了父母。所以他们感谢父母给他们生而为人的机会，也感谢自己的原生家庭成为自己最初成长、起飞的平台，他们并不会责怪自己的父母没有能力，也不会抱怨自己的家庭不够发达。他们会带着感恩之心，回报父母的关爱和家庭的温暖。哪怕父母对他们不够好，甚至会对他们很苛刻，他们也任劳任怨，保持感恩之心。这就是中华民族保持生生不息、自立于世界民族之林的优秀的孝道文化。

父母对子女的爱，是无私的也好，有自私成分也罢，这都不是重点。我们不能苛求父母对自己的爱完全没有任何期待，起码父母期待孩子能过上幸福的生活，这是天然正当的期待。当然，子女如果过得不幸福，也会拖累父母，父母不想被孩子拖累，也希望孩子能够自立地生活，起码不能成为家庭和社会的负累。许多父母对孩子的要求并不高，他们只是希望孩子能具备幸福人生所必需的知识和生存技能。但有些孩子对此就是不理解，就是不肯听父母的话，就是要按照自己喜欢的自私愚痴的方式过一生。对于叛逆的孩子，父母经常伤透了脑筋，伤透了心。为什么孩子不懂孝顺之道呢？当然，身为家长，还是要认真反省，是不是自己教育方法不当，或者自己在做人做事上是不是存在不易觉察的品德欠缺。

有了儿子之后，了凡花费近十年时间，撰写育儿专著《祈嗣真诠》。他在前言中写道，自己先天体弱，经常研究星象术之学，知道自己命里缺子，于是不再妄求。后游南京栖霞寺时遇到高人传授求子方法，说是不受命理、数理、阴阳和风水限制。自己相信并照做后，现在果然有了孩子。考虑到天下缺乏子嗣者众多，大都不知道这个生子方法，所以他将所得方法整理成十篇，希望天下人都能接续香火，家家人丁兴旺。他强调，并不止于求子一事，希望读者能触类旁通，通过行善积德来改变命运。

《祈嗣真诠》分改过、积善、聚精、养气、存神、和室、知时、成胎、治病和祈祷共十篇，这本书不以方药立论，而是强调通过行善积德作为求子的福报基础，主张通过聚精、养气、存神，不用服药也能求得子嗣。

有医学专业的学者认为，该书最有参考价值的是其中的聚精、养气、和室、知时、治病诸篇。了凡在聚精篇里强调，做丈夫的要注意积蓄精子，必须节制房事，"是以祈嗣者，务实其精，远则经年独宿，近则数月一行，庶几乎可也"。同时，他也强调生活习惯对精子质量的影响，"聚精之道，一日寡欲，二日节劳，三日息怒，四日戒酒，五日慎味"。

了凡提出要想成胎，不但必须聚精，还应元气充满，"徒精不能欲也，必有一段元气亭毒于精物之先，而后成胎。此气不厚，则精不浓；此气不充，则精不射；此气不聚，则精不暖，皆不成胎"。他认为体质虚弱的人阳气不足，脏腑功能不能正常发挥，周身气血不能正常运行，就很难发挥生殖功能。在论述如何养气时，了凡认为一个人的言行举止都要讲究涵养，端详安泰，这样才有益于身心健康："养气者，行欲徐而稳，立欲定而恭，坐欲端而直，声欲低而和。种种施为，须端详闲泰，当于动中习存，应中习定，使此身常在太和元气中。"

和室篇强调夫妻之间应和睦相处，夫妻感情和谐与否也对生育有重要影响。"生子之基，全在家人，世之求嗣者，但知广室，而不知和室也。广而不和，则相妒相嫉，育必艰矣。古云：妇人和乐，而后有子。又云：天地和，而后万物生；夫妇和，而后子嗣昌。当使闺门之内，蔼如琴瑟，而后可广育也。"了凡在如何维护健康的夫妻之道时指出，丈夫要有丈夫的样子，不论在公开场合还是处于私密的卧室，都要真心实意地疼爱妻子："其道全在正己之躬，日常行事，毋论隐显，务使纯出乎正，以服彼之心，然而又不可严毅而使畏也。有疑则相问，有疾则相顾，有未到则相体，务使情意连属，而无间然。又不可使恩胜而相亵也，各以礼维之。"了凡又主张夫妻之间应当相敬如宾，具有朋友的情谊："夫妇而寄以朋友之义，则衽席之间，可以修省，一唱一和，其乐无涯，岂独可以生子哉！终身之业，万化之源，将基之矣。"

绝不能把不能生育的责任全推在妇女身上，了凡在《祈嗣真诠》的治病篇中明确指出："世之艰嗣者，专谓病在妇人，是舍本而求末，亦未得其肯綮也。男子或年老阳衰，或有疾，或不射精，或精少、精寒、精清，皆不能成孕。"

知时篇强调择时的妙处，介绍夫妻交合的最佳时间条件。成胎篇主要讲保胎养胎的要点。治病篇提醒注意调理妻子的身体。现代有许多女性不注意传统的养生理念，爱吃冰冷的食物，不注意防风防寒，气血不足加上宫寒，即使怀孕也容易出现流产的风险。治病篇还体现出了凡不拘泥于药方的大医风范："纵服药，亦必择其对症者，宜温宜凉，通变用之，若执一方而治万病，非予所知也，故不立方。"

人们求子不仅仅是一个家庭的事情，一个生命如果带有先天的缺陷，就会给一个家庭乃至整个社会带来沉重的负担。了凡论述的求子要点，也是优生优育的重点，聚精、养气、存神，这些古老的概念，在西方医学思维中是很难理解的。通过聚精、养气、存神，父母双方的生理和心理精神都达到最优状态，才能把孩子来到世间的通道功能发挥到最佳。古人选择怀孕的时间、地点也非常讲究，这其实也是一种非常重要的仪式感，关系到一个生命在什么样的时空状态来到人间。

了凡的一系列论述，都是强调在备孕事宜上做好风险控制，倡导人们通过后天的行动，从而达到优生优育的效果，在某种意义上，这也视为积极行动改造命运的一种努力。

需要注意的是，了凡在分享求子秘诀时，首先强调改过、积善，在他看来，这是祈求子嗣的根本条件，必须通过改过堵住损耗福报的漏洞，通过积善增加足够的福报，有福报做基础，才能顺利求子。开篇的"改过"和"积善"两篇，后来被收录进《了凡四训》。

单就生育这件事来说，了凡认为，就生子一节言之，心狠残忍的人多不育，喜欢戕害物命的人多不育，自私孤僻的人多不育，玩弄机巧的人容易生下不肖之子或者容易遇到灾祸……

《祈嗣真诠》最后一个压轴的篇章，是祈祷篇，该篇强调信仰力量的加持。了凡看来，祈祷不仅仅能让一个人的情绪平静下来，更是与一个强大的清净慈悲的能量场发生关联，从而得到无与伦比的知识和智慧。

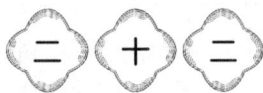

二十二

在考试中磨砺，在教辅书中传道

接着看《了凡四训》原文——

九月十三日，复起求中进士愿，许行善事一万条。丙戌登第。

前面讲了，癸未年的八月，了凡第二次完成三千善行。九月十三日，他希望能考中进士，并许下愿望做一万件善事。以前都是三千件，这次翻几倍，做好事上瘾了？如果真有这种瘾，那得希望人人都上瘾，这个世界才会变成美好的人间。

事实上，行善和作恶所获得的心理反应是不一样的，哪怕是一件小小的善事，做完以后精神上都感觉非常舒服，至少心情不一样了。经常做善事的人，精神、气质甚至面貌都会发生变化。

了凡许下愿望做一万件善事，比原来增加那么多，是因为他这次许下愿望要追求的目标难度更大，"人有善愿，天必佑之"，果然才过三年，了凡就中了进士。

万历十四年（1586），53岁的了凡再次参加科举，经过会试、殿试，终于金榜题名，位列三甲第一百九十三名。虽然名次不太靠前，但这是含金量很高的进士，足够光宗耀祖、告慰先人了。

从获得秀才身份，到中举，了凡考了六次，历时十八年。从获得举人身份，到考中进士，中间经历了六次会试，又用了十八年。三十六年的宝贵时光，都在为科举考试而奋斗。他在给一位朋友的信中写道："弟凡六应秋试，始获与丈齐升。又六上春官，仅叨末第。秦裘履敝，齐瑟知非，落魄春风，孤舟夜雨，此时此味，此恨此心，唯亲尝者脉脉识之，未易为旁人道也。"

了凡中进士还不算最晚的，和他老师唐顺之齐名、并称"嘉靖三大家"的文学家归有光乡试考了六次，会试考了九次，59岁才考中进士。了凡的亲戚钱吾德，和他同年中举，之后功名一直停滞不前，考了多年也没有考中进士，最后以举人身份出仕。

许多资质平平的秀才一辈子寒窗苦书，最宝贵的时光都用在科举考场，除了写酸腐文章，别的啥也不会。当然，了凡身为学霸，科举应考之外他也没有闲着，几十年来还是做了好多事的。博览群书的同时，他也广交朋友，广拜名师，广行善事，可以说是相当充实和丰富多彩。

回望几十年来的际遇，科举功名来得晚，或许并不见得是什么坏事。以了凡的性格，过早出仕为官，也未必是好事。为什么这么说呢？他性格太耿直了，缺乏圆融，很容易惹事。第二次乡试失利，就是因为笔锋太犀利，言论太激烈，涉及《中庸》这样的经典，在意识形态上居然与主流观点不能保持一致，难免要吃大亏。想必正值青春，自恃有才，难免气盛，了凡宁愿冒险，也控制不住表达的冲动。过了二十多年，他依然没有吸取教训，第三次参加会试的策论又与主流观点不能保持一致，再次得罪主考官，本来头场考经义文章写得很好，都被拟定为第一名了，最终因为第三场的时政策论而名落孙山。

一次又一次的失败，实在太磨人了。有人感叹：懂得那么多道理，依然过不好这一生。其实他们不是真懂，很多道理，不到某个年龄是无法深刻理解和领会的。科举考试的挫败经历，或许很大程度上是帮助了凡磨砺心志和心性，坚守内心该坚守的，同时也磨去外露的锋芒。

晚年的时候平安健康、幸福吉祥，才是真正的好运。有些人早年得意但晚年凄凉，尤其是一些功成名就、大权在握的人，享受了太多的资源，消耗了太多的资源。如果德不配位，福报撑不住了，就会走下坡路，各种灾难就来了。了凡身上有一些文人的固执、清高，甚至是孤傲，所幸遇到了云谷禅师教他立命之学，通过改过迁善培养谦德，一点点磨砺心性。如果年纪轻轻就科举成名，分配到地方成为一方官员，恐怕不太容易胜任。地方有复杂的政治生态、复杂的利益纠葛，权力很容易被人围猎，搞不好就会迷失自己。这些情况，至少青年时期的了凡恐怕很难游刃有余地去应对。

一个正人君子，满腹经纶，不代表就能成为一个好官。心性磨炼成熟了，到官场上才能从容施展自己的抱负，很快了凡将面临一个极其复杂的从政环境，如果他道行不够，就有可能万劫不复。从这个意义上讲，过了50岁"知天命"的阶段，了凡才出仕为官不是坏事——某种意义上，可视为上天对他的保护性安排。用今天流行的一句话讲，"一切都是最好的安排"。通过一场场考试来磨砺心性，同时他也在"传道"，借科举考试来传道史上罕见，了凡就是这样的人才。

明代科举要求的"八股文"，在今天看来是很无趣的，因其空洞无物、废话连篇，后世一度将其视为形式主义文风的代名词。所谓"八股文"，题目全部来自四书五经当中的原文，每篇文章中必须有四段对偶排比的文字一共八部分，所以叫八股文，"股"有对偶的意思。会写这样的八股文，并不代表有真才实学。但要拿到功名，就必须会写，而且要写得很漂亮才行。因为，对有志于仕途的书生们来讲，这是基本的生存技能。

了凡本就是写文章高手，八股文对他来讲没有写作技术层面的任何障碍，多年考试积累的经验，让他成为科举考试辅导专家，也成为书商眼中的科举教辅用书头部作者。了凡最早一本科举用书是在第二次参加乡试之后推出的《荆川疑难题意》，这是唐顺之从科举考试的角度对"四书"所做的阐释，了凡根据笔记做了初步整理，经唐顺之审定后出版发行，这本书火遍大江南北，也让了凡作为编辑声名鹊起。

很快了凡又推出《四书便蒙》《书经详节》，于嘉靖三十四年（1555）出版后也大受欢迎，当时他没有署名。五十年后，书坊又重新出版了这两部书，书名分别改为《四书删正》和《书经删正》，并署名袁黄，却意外地引发了广泛的争议和攻击。

《四书删正》和《书经删正》是在删减朱熹《四书章句集注》和蔡沈《书经集注》的基础上，对"四书"和《书经》做的阐释。了凡这番编辑行为，在某些人眼里是对主流哲学大逆不道的冒犯。

理学在明代早中期是主流意识形态，宋代大儒朱熹是代表人物。与唐代以前儒学尊崇"五经"不同，"四书"成为理学尊崇的主要经典，探讨的问题都与《论语》《孟子》《大学》《中庸》紧密相关。理学实际创始人为周敦颐、邵雍、张载、二程兄弟（程颢和程颐），到南宋时期朱熹是集大成者，泰斗级的人物。明代尊崇理学，除了儒家宝贵的济世情怀，还有一个原因是朱子和皇帝同姓，尽管没有直接的血缘关系，但如果不是时间离得太近，硬靠也靠不上，"草根"出身的洪武大帝朱元璋恨不得去认祖归宗以增强身份自信。明朝皇室对朱子的崇敬，如同唐朝皇帝对老子李耳的崇敬。官方将朱熹的《四书章句集注》作为意识形态主流教材，朱子的言论就是不刊之论，不允许乱动。

可是在了凡看来，理学家们尽管有济世情怀，但他们对宇宙和生命的认知体系有严重局限，他批评"宋儒训诂如举火焚空，一毫不着"，有悖于儒家孔孟二圣的最初本意，为此他要"悯正学之蓁芜，开久迷之眼目"，恢复到最本源、最纯净的儒学。

编辑科举辅导用书的时候，了凡对朱熹的大作手起刀落，咔咔一顿猛删。借助于科举辅导用书这一特殊载体，了凡对儒家经典重新诠释，把阳明心学渗透了进去，把自己融合儒释道的思想观念渗透了进去。某种意义上，这就是一种"传道"。

《四书删正》和《书经删正》后来被朝廷列为禁书，反而激发了四方学子更大的阅读热情，让了凡的名气更大。

了凡一生出版了十几本科举教辅书，影响了成千上万的秀才、举人和进士，这些人都是知识分子中的精英，接受了凡的思想观点之后，还会辐射到更多的读书人。考中进士之后，了凡在科举圈的名声达到了顶峰。

前来寻求合作的书商们纷至沓来，拜访最当红的科举辅导畅销书作家，洽谈下一本考试辅导书的合作，完全无视这是一位学识渊博的严肃学者。

了凡晚年编纂了十卷《游艺塾文规》和十八卷《游艺塾续文规》，他将自己的立命之学，以及做学问的至高心法，都毫无保留地呈现在这些科举辅导用书里。立命之学，即是《了凡四训》的第一篇，以一生经历现身说法，讲述励志故事。但光讲故事还不够，学子们要拿下科举考试，还得靠一篇篇漂亮的文章。怎样写好文章呢？科举考试，考的是试卷背后的功夫，想把文章写好，首先要会读书。了凡的读书之法，要求"正襟危坐，收敛元神"，这既是在强调一种仪式感，也强调聚精会神的重要性。这与其祖辈们的读书方法一脉相承：态度首先要端正，读书不仅仅为了考试，更是汲取知识和追求真理，每打开一本书，都如同面对圣人，如同与圣人进行灵魂交流，必须有毕恭毕敬的态度。一分恭敬得一分收获，只有在至诚至敬的状态下，才能在字里行间充分领悟先贤圣人的智慧和心境。

在了凡看来，学习是一件很轻松、很快乐的事情，学习是可以让身体变得强壮的，那些因为学习而搞坏身体的，一定是方法不对。他认为，"善学者借之以凝神，不善学者则劳神矣；善学者因之以养气，不善学者则耗气矣"。在凝定心神、屏除杂念的状态下，能量是不易耗散的，写文章的灵感就容易出现了，"眼耳鼻舌身意都要题目上凝之，久久则文机自活，文窍自通"。

一篇文章，可以呈现出作者的学识和精神状态。科举考场的主考官在学养和判断力上是出类拔萃的，文章的优劣一眼就能判断出来。从这个意义上讲，八股取士也并非一无是处。了凡将自己的许多著作编进科举辅导丛书，他希望学子们能够通过读书和作文，来培养最好的心境，展现最佳的身心状态。

他在一篇《与于生论文书》中写道："文者，枝叶也，其根本在心，心无秽念则文清，心无杂想则文纯，心不暴戾则文和，心不崎岖则文平，心能空廓则文高，心能入微则文精……故欲工文先当治心。鄙人尝论作文之法大概有五：一曰存心，二曰养气，三曰穷理，四曰稽古，五曰透悟。夫文出于心，心丽则文丽，心细则文细；其心郁者其文塞，其心浅者其文浮，其心诡者其文虚，其心荡者其文不检。"

在了凡看来，读书学习和作文既是应对科举，也是一种修行。他在《答钱明吾论文书》中说："留心性命，屏除俗虑，诵中存习，作中存养，使腔子内精神常聚，生机常活，此举业本领工夫也！禅门谓尽大地俱是悟门，故洒扫应对可以精义入神，岂有终日理会圣经贤传而反作障碍者乎？"

了凡金榜题名虽然来得有点晚，但好饭不怕晚。话说回来，像他这样名满天下的优秀人才，再不录取都说不过去了，当年的粉丝读者，都成了会试的考官。

自从许下做万件善事的愿望之后，了凡的心性越来越成熟，越来越从容达观。"但行好事，莫问前程"，上天给了他学霸的天赋和一身的才华，就一定有用得上的地方。

随着善行福报的增长，了凡日益积累的学识和日益成熟的心性，即将在宝坻这个基层县域的施政舞台上全面展示。在此之前，朝廷已经给他准备了一个牛刀小试的机会，让他体验到为民请命并不是一件容易的事情。

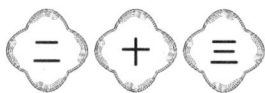

二十三

宝坻八百年最优秀知县怎么治理烂摊子

接着看《了凡四训》原文——

丙戌登第。授宝坻知县。

"丙戌登第"和"授宝坻知县"。这两句话在《了凡四训》书中紧挨着，却不是自然衔接的事情。在历史上，它们隔了两年。

了凡殿试成绩在三甲第一百九十三名，被分入礼部做"观政官"，观政，就是列席旁观，在一边看人家咋干，相当于实习阶段。在礼部观政期间，朝廷派他到江南清核苏州、松江一带的钱粮赋税，这其实是一份得罪人的工作，利益集团盘根错节，背后还有许多已经退休的政坛大佬，一般人不愿意碰。了凡在江南做了大量细致的调查研究，发现江浙地区的赋税比全国其他地区高出数倍，豪强兼并土地的现象相当严重。为了减轻民众负担，了凡执笔上疏，揭露了 14 项政策弊病，提出 14 项改良建议。江南的事情太复杂，沉疴太深，海瑞、张居正都不能根治的顽疾，一个新科进士"开药方"能解决吗？朝廷根本没用他的"方子"。因为利益交织太复杂，牵一发而动全身。这次江南清核钱粮赋税，是了凡走上仕途后的第一项重要任务，虽然没有达到理想的结果，但为他即将到来的基层县域治理实践提供了宝贵经验。

了凡在礼部的观政实习阶段历时两年，丙戌年登第和戊子年授宝坻知县之间还有一个丁亥年（1587），也就是著名的"万历十五年"。这一年，曾因一篇奏疏痛批嘉靖皇帝炼丹修道不问政务、宠信严嵩朝廷腐败、军务弛废大兴土木等过失而名闻天下的清官海瑞，死于南京都察院右都御史的任上。当代历史学家黄仁宇在《万历十五年》中写道，这一年"表面上似乎是四海升平，无事可记，实际上我们的大明帝国却已经走到了它发展的尽头"。王朝兴衰既是皇室的气运兴衰，也是臣民大众的共业所致。这一年，了凡依然只是人微言轻、无足轻重的末流官员，他已经 50 多岁，朝廷也没打算把他作为大员重臣去培养，"观政官"日常也没有什么实质性的工作。或许正是这样的特殊阶段，让他有时间执行一件意义非凡的文化工程。

在后人整理的了凡年谱里，万历十五年（1587），55 岁的他只有一件大事被记录了下来："同九善信在龙华道场发盟。""善信"，是善男信女的简称，泛指信仰佛教的居士。"发盟"，是指为佛教大藏经的首次民间编刻而相约盟誓。

这部大藏经史称《嘉兴藏》，后世学者们评价了凡时，说他是《嘉兴藏》的最早倡刻者，事实上，了凡也是《嘉兴藏》超级大型文化工程实施启动阶段的核心策划、组织和推动者。

万历十七年（1589），《嘉兴藏》第一批经书开始在山西五台山正式刻印。应刻藏工作负责人幻余禅师之邀，了凡撰写了《刻藏发愿文》，当时他已经到宝坻就任知县，公务繁忙，脱不开身了。

宝坻已经建县八百多年，史上最受欢迎的好知县了凡，即将在这里为一方百姓做好公仆。

接着看《了凡四训》原文——

余置空格一册，名曰"治心编"。晨起坐堂，家人携付门役，置案上，所行善恶，纤悉必记。夜则设桌于庭，效赵阅道焚香告帝。汝母见所行不多，辄颦蹙曰："我前在家，相助为善，故三千之数得完；今许一万，衙中无事可行，何时得圆满乎？"

夜间偶梦见一神人，余言善事难完之故。神曰："只减粮一节，万行俱完矣。"盖宝坻之田，每亩二分三厘七毫。余为区处，减至一分四厘六毫，委有此事，心颇惊疑。适幻余禅师自五台来，余以梦告之，且问此事宜信否？

师曰："善心真切，即一行可当万善，况合县减粮，万民受福乎？"

吾即捐俸银，请其就五台山斋僧一万而回向之。

万历十六年（1588），了凡到宝坻任知县。他创新编制了一本小册子，取名为"治心编"，作为绩效考核的登记簿。每天早上在公堂上审理案件，家里人就把这本小册子交给衙差，放在县衙大堂的正案上，了凡全天所做善事和恶事，不管事大事小，都一一记录下来。到了晚上，就在院子里摆上供桌子，效仿有"铁面御史"之称的北宋名臣赵阅道，把每天善恶行为焚香报告上天。了凡效仿赵阅道，也是一种道德自律的"方便法门"，总得让人监督自己，如果身边的人力量不够，就请天上的神明来监督，每天主动汇报善恶行为。

既然许下做万件善事的愿望，就得完成。夫人沈氏看他善事做得不多，经常皱眉，说我以前在嘉善老家的时候，还能经常帮你，所以三千件善事能完成，如今一万件善事，待在县衙里没事可做，想帮你也帮不上，什么时候能完成这一万件善事呢？

从这里可以看到，了凡的夫人真是贤惠。能帮助丈夫修德行善的妻子，才是良妻。据传，一天晚上，了凡梦见一位神仙，他倾诉自己善事很难完成的原因。神仙说，只凭为老百姓减免皇粮一事，一万件善事就完成了。原来宝坻县的田赋每亩要交2分3厘7毫，了凡感觉税赋太重，后来减少到1分4厘6毫。确实有这件事，了凡感到震惊的是，神仙怎么知道这件事？正好幻余禅师从五台山过来，他就讲了这个梦，问禅师梦里这件事可信吗？

幻余禅师点拨道："善心真切，一件善行可以顶万件，何况全县减轻粮赋，让上万民众受到福祉呢！"

了凡很高兴，万件善事这就完成了。他捐出自己的工资，并在五台山以食物供养僧人数万人，代为回向。

了凡初到宝坻，接手的是一个烂摊子，可以说是一个相当棘手的烂摊子。这个地方位于燕山之地、渤海之滨，自金大定十二年（1172）建县，现在归天津管辖，明代的时候归北直隶顺天府管辖。了凡上任时这是一个贫困县，其环境之糟糕，可以用几句总结：历史包袱重，经济基础差，自然环境恶劣，政治生态也恶劣。

为什么说历史负担重呢？就是当地税赋和徭役繁重，历史欠账很多。经济基础差，连年水患，老百姓流离失所，很多的人都跑到外地谋生了，在本地已经活不下去。当地还有很多皇庄以及一些衙门的庄园，还要承担专门给朝廷养马的任务，来自京城的御马监太监飞扬跋扈，地方官根本惹不起。

宝坻县的老百姓当然都盼着来一位能干的官员，可是现在这位官员已经 55 岁了，一般人到这个年龄生命都快走到了终点，而了凡的仕途才刚刚开始。听说文章写得不错，但是当知县行不行呢，能力究竟如何呢？大家还是心里没底。如果来的是贪官，那可就惨了，老百姓又要遭罪了。

了凡在宝坻的门生刘邦谟、王好善，编辑了他任职期间撰写的公文、告示、政令和案卷等相关资料，定名《宝坻政书》结集出版。《宝坻政书》，收录了了凡在宝坻亮相的开场白。那是新官接印前在当地城隍庙前的祭文，相当于就职宣誓，按照惯例都是手下代笔，但了凡亲笔撰写的祭文，当场就取得相当"炸裂"的效果，在场的官吏和百姓代表无不震惊。在笔者分享并简析这篇千古奇文之前，先对比古代名臣的祭城隍文，就知道差距之大。

唐代名相张说写的《祭城隍文》："维大唐开元五年岁次丁巳四月庚午朔二十日己丑，荆州大都督府长史上柱国燕国公张说，谨以清酌之奠，敢昭告于城隍之神：山泽以通气为灵，城隍以积阴为德，致和产物，助天育人，人之仰恩，是关祀典。说恭承朝命，纲纪南邦，式崇荐礼，以展勤敬。庶降福四，登我百谷，猛兽不捕，毒虫不噬。精诚或通，昭鉴非远。尚飨。"张说是一代文坛领袖，他用谦恭的语气祈求风调雨顺、五谷丰登，篇幅很短，基本上都是常见的套话。

了凡的祭文简单客套几句，就进入惊心动魄的宣誓——

"吾愿恭顺以事上，傲慢不恭，神殛之。吾愿明洁以事神，享祀不洁，神殛之。吾愿虚怀乐善以事邑之贤者，侮慢自贤，神殛之。吾愿崇俭以厚风俗，侈食纵酒，神殛之。吾愿宁失不经以活无知犯法之民，不能活，神殛之。吾愿兴民之利而辟其荒芜，不然者，神殛之。吾愿防民之患而修其沟畛，不然者，神殛之。听讼则不但剖其曲直，必思所以平其忿心，而使之无讼；不然者，神殛之。用刑则不但锄强遏恶，必思所以养其良心，而使廉耻日生；不然者，神殛之。赋役则不但不敢额外加征，必思所以曲为区处，而使额内之数渐减；不然者，神殛之。徭役则不但一时恤民之力，必思所以立法调停，而使享永世之利；不然者，神殛之。治事则不但发己自尽，必思所以循物无违，而使众志皆通；不然者，神殛之。爱人则不但使居者愿耕于其野，亦使行者愿出于其途，而无忘宾旅；不然者，神殛之。至于纳民之贿，残民之命，凌虐士类，陷害同僚，则尤不肖之甚者，神其速殛毋恕！"

一共 14 条，方方面面都讲到了，知县任上的施政要领基本上也都说明白了。对上级、对城隍、对乡贤，都要恭敬，不得怠慢；要倡导节俭型社会风气；谨慎刑罚，对于因无知而犯法的百姓，要保全其性命；民生项目上，要开垦荒地，兴修水利；断案，要明断是非，让人心服，平息讼争；用刑，要惩治凶恶，也要注重德育教化；赋税，不再额外加征，还要努力减轻；徭役，要爱惜民力，形成制度让百姓享受长远利益；做事，要尽心尽力，思虑周全，兼顾各方利益；爱民，让各行各业的民众都是各安其所；不作恶，不收贿赂，不害百姓，不欺负读书人，不陷害同事；等等。

这 14 条，如有违背，请神灵灭掉我！"殛"字，本身有天打雷劈之意。了凡的誓言里，一共用了 14 次"神殛"，披肝沥胆，史所罕见！

了凡身为正人君子，在道德自律方面还是很有信心的，所以才敢在神灵面前如此宣誓。

了凡在城隍庙前宣誓的"神殛"之语，就是向天地百姓表达了自己清正为官的决心与信念。在职期间，他认真努力地履行了自己的誓约。

为了缓解百姓的赋税压力，了凡向朝廷打报告，用现在的语言概括，大意是宝坻县真穷，宝坻人民真苦，宝坻灾情真险，请求皇恩浩荡减免赋税。宝坻离北京很近，朝廷体恤到当地灾情的现实和百姓的艰难，批准了了凡的申请。就这一项，就帮助了凡完成了万件善事的功德。

了凡在宝坻以工代赈，大兴水利，治理了困扰当地多年的水患，没有超强的水利专业和行政协调能力，是搞不定这件事情的。他走遍了京畿各地，实地调查地理水文，后来还撰写了水利专著《皇都水利考》。为鼓励农民重视农业生产，了凡又亲笔撰写了《宝坻劝农书》，从天时、地利、田制、播种、耕治、灌溉、粪壤、占候等方面介绍实用农业技术，还附有多幅田法、水利建筑及机具图。他还邀请家乡的种田能手到宝坻传授经验，成为天津历史上"南稻北种"的第一人。为了纪念了凡先生，宝坻民间称水稻为"袁黄稻"，所产稻米为"了凡贡米"。

了凡还在宝坻平反冤狱，减轻刑罚。有一次大雨冲坏了监狱的墙壁，犯人不愿这样的清官因为出现逃狱事件而受到连累，居然没有一人逃跑，这就是被了凡德政感化的效果。

了凡重视教育，每月初一、十五都要到县学视察并为学生讲学。万历十九年（1591），宝坻学子参加乡试出了两位举人，结束了该县连续十五年不出举人的空白。

据《宝坻政书》记载，了凡微薄的俸银没少用在帮助老百姓应急上，遇到卖儿卖女的，他帮忙赎回。遇到借了富户钱粮还不上的，他代以偿还。这位知县大人经常在宝坻田野乡间巡视，发现百姓家中有解决不了的困难，他能帮助解决的就及时出手协调。

了凡一身正气，清廉自守，爱民如子，扶危济困，以身作则，团结同僚，整个宝坻都能感受到了凡是真心想为宝坻发展尽心尽力的，是真心为宝坻百姓谋福利的，所以宝坻的官场风气焕然一新，社会风气也焕然一新。

新编制的赋役黄册记载了了凡上任以来的政绩：宝坻新开垦土地1599顷，外流人口重返家园，还另外新增3990多户。了凡卸任才十天，宝坻的老百姓出于感恩和尊敬之心，自发筹资为他修建"生祠"。至今，宝坻仍留下多处纪念了凡的袁公祠、袁公桥等遗迹。

万件善事，通过减免粮赋就能一次完成，还有什么平台比官场更适合行善积德呢！

官场有体制的加持，有百姓的期待，如果作恶，实在是辜负上上下下的一片期待。中国民间有句俗话，"一世为官九世做牛"，意思是如果一世做官做的是贪官赃官，就要九世做牛去偿还。九，形容多，不是具体的数字。笔者乐于接受另一种解释，一世为官，是九世做牛辛勤耕耘积累的福报。了凡在宝坻为官的故事诠释了一句古话：人在公门好修行。

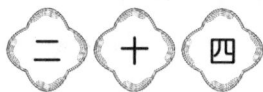

二 十 四

"为官功过格"与一份深刻的工作检讨

《宝坻政书》里收录了了凡在知县任上自创的"为官功过格"，这份功过格记录了他对自己的严格要求，从中可以看出个人道德自律与为官施政操守的有机结合。这份"为官功过格"也体现了了凡"把权力关进笼子里"的高度自觉。

了凡解释了"为官功过格"的缘起，他引用了儒家经典的名句——"《尚书》云：'作善降之百祥，作不善降之百殃。'又云：'惠迪吉，从逆凶，惟影响。'严矣哉！道藏有紫薇帝君功过格，吾师复所杨，先生刻之《感应篇》中。余取其有切于官守者，增损数条，用以自警。"从这段介绍里，可以看出道家的功过格也有不同的版本广为流传，他的老师杨复所在刊刻推广道家名著《太上感应篇》时，收录了紫薇帝君功过格。了凡在紫薇帝君功过格的基础上进行增删编辑，推出了以基层行政工作为应用场景的"为官功过格"。

杨复所，即是杨起元（1547—1599），字贞复，号复所，明万历五年（1577）进士，累官至礼、吏部右侍郎摄二部尚书事。他尊王阳明再传弟子罗汝芳为师，也是与唐顺之、归有光、汤显祖等齐名并列的"时文八大家"。杨起元是了凡中进士那年的考官，按照科举制度形成的习惯，了凡称其为"座师"。

在"为官功过格"的"功格"一项，减免刑罚之类位于最前面，体现了了凡宽仁施政的特色："免大辟一人，当百功。免永戍一人，当五十功；免终身军一人，当三十功。免满徒一人，当二十功；三年徒当十五功，二年徒当十功，一年徒当五功。免满杖一人，当三功，九十以下当二功。"

了凡对此做了按语进行解释，"按紫薇格：凡人犯罪应死而吾免之，始算有功。若不应死者减算。军徒以下皆然。盖不教而杀谓之虐，今之民失教久矣，即使刑真罪当，皆虐政也。故得其情，犹当哀矜之"。

在了凡看来，认为老百姓已经失去教化很久了，即使其罪行与刑罚相适应，也是"虐政"。他们情有可原，应该予以怜悯。

"不教而杀谓之虐"出自《论语》，孔子将"惠而不费，劳而不怨，欲而不贪，泰而不骄，威而不猛"称作"五美"，对应的"四恶"为"不教而杀谓之虐；不戒视成谓之暴；慢令致期谓之贼；犹之与人也，出纳之吝谓之有司"。

了凡推崇在刑罚的同时，推行教化："责人须明告其罪，使之知改。凡刑人而当，使见者惬心，受者愧服，算十功。"

他希望为官施政能够帮助百姓减轻负担："凡有力役差遣均平，使阖县受福，算千功。催征有法，不甚用刑而钱粮毕办，算百功。能认罪缓征，算千功。申请蠲免，使地方得受实惠，算三千功。"仅凭帮助百姓减免赋税，就能得到三千功，了凡这一善政，得到了幻余禅师的肯定。

了凡还重视教化民众、随力行善、救济贫困。"教人为善，诱掖奖劝，使有成立，其功各因人受益之大小而定之。行路人有病，设法养疗一人，算二功；垂死而得生者，算十功。葬死人及枯骨，各算三功。凡责人而己不怒，真有与人为善之心，算一功。未祭而能守斋戒，当祭而如对神明，算十功。祷雨祈晴，能竭诚尽慎有应，每事算百功。监中囚犯依期给粮，禁戢狱卒，使得安宁，一人算一功。闲中进监，为陈说善恶，使肯改过，一人算百功。收养孤老一人，算十功。劝其亲戚，责以大义，令各收养，一人算二十功。应杖人而能忍不杖，算一功。开渠筑堤，能兴水利，视事之大小算功。能禁戢豪强不使播恶，算十功。凡听讼，能申冤理枉，一事算一功；能诲诱顽民，平其忿心，使之无讼，算十功。赈济得实，一人算一功。荒年煮粥，本县来食者，一人算一功。他方来食者，一人算二功。冬寒穷民无衣，设法做袄给之，自给者一袄算三功，劝人给者算五功，以不独为君子也。凡施人钱物，皆以百钱算一功。阐明正教，维持正法，使圣贤遗旨灿然复明于世，功德无量。凡事惜福，躬行节俭，使风俗还淳，算千功。凡解人之怒，释人之疑，济人之急，拯人之危，皆随事之大小、人之善恶算功。"

与"功格"相对应的"过格"内容为：

"怒中责人，算二过，无罪误责算十过。凡问罪成招，不与开一线之路，只求上司不驳，算三过。泥成案，不与开招，各随事之大小算过。上司怒，不敢辩救，算一过。接人不拘贵贱，若有轻慢之心，算一过。心有宿怨而外作好词，算二过。见人不检，不与规正，算一过。共助成其恶，算十过。毁人扬己，算百过。不畏大人，将上司行移或分付言语不行用心祗奉，算二过。饮酒多，算一过；醉而失礼，算二过。妄言，算一过。力可以济人而不肯尽，算三过。强不知而为知，算一过。攘人之能，掩人之善，忘人之恩，谈人之短，皆算十过。遇灾不申，遇赈而吝，皆算百过。不禁宰牛，一牛算十过。杖死一人，算百过。轻用民力，随众寡算过。受人嘱托（干预司法），算一过，枉法者算十过。祭祀不尽诚，算十过。遇长不敬，遇幼不慈，遇朋友不信，皆算五过。加派增粮，算千过。逢迎势要算一过；若累平民，算十过。非礼馈人，算一过。演戏作乐，恣情酒食，算一过。或习成奢侈，阴伤风化，算十过。水旱不早为祈祷，算五过。祈祷而不尽诚，惟以虚文塞责，算十过。遇知己而含疑不尽，算一过。待人不诚，算一过。或挟诈自逞，算三过。自占便宜，损人利己，算十过。"

其中一条"加派增粮"，增加百姓负担，过失最重，算千过。即使是加派任务来自上级，了凡也认为自己需要承担失德的过失。本就不该发生的事情，只要自己参与过，就要承担责任，他以"千过"

计算，也是在提醒自己应该积极向上进言，争取减轻百姓负担。

在宝坻任职期间，了凡还有一篇重要的文献，详细记录了自己施政为民过程中所遇到的治理难题，功是功，过是过，将成绩和不足分析得非常透彻，这是一篇向特定对象——雨神进行坦白的检讨书。在中国历史上，每逢重大天灾，比如干旱无雨，执政者都要向天祈雨，不少君王和皇帝会下"罪己诏"，认为是自己德行有失，才会招来天象示警。

万历十七年（1589），京城和京郊地区久旱无雨，气候灾害之严重，已经影响到百姓的日常生活和农业生产。天灾引发了万历皇帝的忧虑，朝廷下发的公文里表达了皇帝的自责：久旱缺雨，主要原因是自己德行浅薄，次要原因是官员失德、贪污腐败、盘剥百姓。其实，万历皇帝心中的真实想法，也不排除后者才是天降灾害的主要原因。

公文要求各地相关主要负责官员要尽快安排祈雨，并附送了前些年万历皇帝求雨成功的先例。

了凡接到公文之后马上准备，亲笔撰写了《祷雨自责文》，他将作为地方祈雨的主要执行人，向上天，尤其是雨神汇报工作、汇报思想，以祈求上天的原谅和恩赐。他登坛祭天求雨，当众宣读，文中把不下雨的责任全部揽到了自己身上，连提了40多个为什么，内容全部是批评自己的错误。

这篇《祷雨自责文》可以视为一份深刻的工作检讨，从中我们也可以梳理了凡在宝坻期间面临过哪些困境，以及他是如何尽职尽责努力工作的。

"余小子智术浅短，待罪甸邑。当春小旱，至厪圣虑，发明诏督令祈祷。窃谓阴阳不和，咎在县吏。"——了凡首先承认春天的大旱是自己的罪责所致。

"余小子罪若猬毛，姑略陈之，以待上帝百神之察：吾尝治心幽独，昼之所行，夜必焚香告天矣；然欲洁而故污，既悔而旋犯，德之不醇如故也。吾尝立威于刑罚之外，正衣冠，尊瞻眎，祁寒盛暑不废矣；然退食深居亵慢时有也。"——了凡认为自己虽然也修身养德，但还是毛病不断，不能根除恶习，对自己要求不够严格。

"吾尝念里甲之烦苦、夫马杂役悉蠲除矣；然法制未及调停，而那移雇募，后将难继也。"——了凡怜悯百姓劳役繁重，免除了许多杂役，但是没有形成完善的机制，临时挪借、雇用、招募，恐怕难以为继，不能实现可持续发展。

"吾尝悯铺行之累，而私用公需，给价平易矣，然御下不严，不能保其尽不扰也。"——官吏公务采购，了凡要求按市场价格公平交易，但恐怕不能保证仍有差役私下欺压商户。衙差欺负商户，历朝历代都很难杜绝。

"吾尝遵时制、省冗役，若箭手、医兽之属，皆罢遣以宽民力矣；然使人无术，现在供役者不能必其尽效忠也。"——了凡爱惜民力，为了减轻百姓负担，废除了箭手巡逻乡村和马医监管马户制度，但因为管理不当，现在做事的人未必尽心尽力。

"吾尝察吏弊、修纪法，而胥史、隶卒竞称贫而求去矣；然聪明未逮，防范未周，乘间舞法者未必尽无也。"——了凡整顿吏治，严明法纪，但"水至清则无鱼，人至察则无徒"，那些当差的书吏、衙役、狱卒感觉没有油水可捞，纷纷以辞职要挟。尽管了凡不为所惧，恩威并施，整顿了宝坻县的公务行政人员队伍，但即便如此，可能还会有人钻空子、枉法舞弊。

"吾尝慕《周易》损上益下之训，而政拙催科矣，然公私交迫，时惧参罚，则不得尽从宽也。"——了凡身为一县之长，想替百姓争取减免赋税，但上面催得紧，个人的想法和公务的压力让他感到矛盾，时常害怕被人弹劾遭到处罚，所以不敢一切统统放宽从宽。

"吾尝师盖公之意，信苏轼之言，而奸容狱市矣；然禁令在前，忧谗畏讥，不得尽弛而不察也。"——了凡想遵循先秦道家学者盖公和北宋名臣苏轼的"无为而治"思想，不干扰狱讼和市集对奸恶小人的容纳，但是国法禁令在前，谗言讥讽在后，他不敢彻底放开松弛监察。无为而治，有利于发展自由市场，商业发达难免会出现法治的灰色地带，了凡为难也可以理解。

"吾尝重德礼、薄政刑，而鞭朴从轻矣；然顽民未率、教化未孚，不能尽措而不用也。"——了凡重视德化，慎用刑罚，尽量对犯人的鞭打责罚都从轻处理，但是顽固的刁民还是有的，教育和感化工作不到位，所以不敢彻底放弃刑罚。刁民畏威而不怀德，该罚还得严厉起来，了凡并未做错。

"吾尝怜无知犯法之民，而焦心力辨矣；然积诚未至，仁心未洽，而民犹不知自爱也。"——了凡怜悯因愚昧无知而犯法的百姓，心力交瘁地为他们辩护，他认为自己的诚意和仁心还不够精纯周全，依然有百姓不知自爱、自甘堕落。其实，众生各有业力，了凡已经尽力帮助了。

"吾尝坚苦节、绝苞苴，而私衙清若寒水矣；然情非绝世、迹类孤高，而人伦君子未尽洽也。"——了凡坚持清廉守节，拒绝接受礼物，导致家里生活清苦，然而为人处世不能太清高、太另类，他未能建立融洽的人际关系。这一点，了凡倒是很像有名的清官海瑞。

"吾尝入觐，不持本县一钱矣；然私囊既空，公礼俱废，于义未尽协也。"——了凡入京觐见皇帝，没拿宝坻公账上的一文钱，然而囊中空空，废弃了官员来往的礼仪，在人情世故上不够和谐。这一条和上一条都是一个意思，了凡严于律己，生活清苦，又不愿收受官场常来常往的礼金。身无长物，如何迎来送往？不遵世礼，如何随顺众生？

"吾尝急鳏寡孤独之养，而立法广育矣；然穷民尚众，力量难周，不免顾此而失彼也。"——了凡重视养老和儿童事业，制定规则定期救济，但是穷人太多，财力有限，难免还有百姓照顾不到。说到底，还是缺钱，宝坻毕竟是贫困县，财政紧张。

"吾尝蠲禄以葬饥骨，宽罚以赎孤儿矣；然见闻有限、小惠弗遍也"——了凡用自己微薄的俸禄，帮助埋葬饿死的穷人，赎回被卖的孤儿，但只能随缘解救，不能帮助更多的人。其实也是缺钱。

"吾尝接下思恭，而使民对吏常存敬畏矣；然涵养未纯、法令有所不行时或厉色而不觉也。"——了凡接待下属和百姓时，神情庄重，是为了让百姓对施政的官吏有所敬畏，但自己涵养功夫不够，法令得不到执行的时候难免过于严厉、脸色难看而不自知。当官需要立威，了凡这条不算过错。

"吾尝朔望群多士而授之经，谆谆启迪，欲其同归于善矣；然躬行无力、教未尽行也。"——每月初一、十五，了凡都会到县学讲学，讲授经典，谆谆教诲，希望都能践行世间的善法，然而自己说到做不到，学生进步很有限。了凡这是过谦了。

"吾尝听断如流，速完结以便民矣，然防察不周、起居或晏而公事不无稽阁也。"——了凡断案从快，速审速结以方便百姓，但是有时候对自己要求不严、上班迟到，也耽误过公事。疲于公务，心力交瘁，睡过头也难免，偶尔迟到，其实可以理解。

"吾尝欲民之善，遇老者劝其慈，遇幼者劝其孝，遇强者劝其和，遇忿者劝其息，而随讼施教矣；然凉德劣行，民未信也。"——

了凡审案注重启发百姓的善念，随讼施以教化，然而自己德行不高，不能取得百姓的信任。这也是过谦了。

"吾尝推毂同寅，引掖善类矣；然力微势卑、不能保其必举必先也。"——了凡推荐同僚，提携下属，但是人微言轻，有些保举行为的效果并不如人意，比如有的同事只被平调到外县。此条已属难得，不必自责。

"吾尝严锄奸横，惩一儆百矣；然察恶不精、豪强未尽敛迹也。"——了凡曾经扫黑锄恶，以求惩一儆百，但审察不精，恶霸没有绝迹。哪里都有恶人，可以继续打击。

"吾尝请罢采石之夫匠车辆，而饥民得体恤矣；然仅免一年，而上令敦催则不敢复请也。"——了凡曾申请免除了对石匠和大车的征召；今年，上级再次催促征召，了凡不敢再申请豁免。这一条其实也不能算过错，毕竟他只是一个七品小官，人微言轻。

"吾尝供送亲王物料马匹，皆曲处周旋而不费民力矣；然爱民太厚而事上之礼未隆备也。"——了凡曾经负责提供迎送潞亲王的物资供应，他尽量周旋，爱惜民力，然而爱民之心尽到了，恭顺亲王的礼节却没尽到。这一条其实也不算过错。有不少学者指出，明朝灭亡很大程度是亡于财政危机，导致财政危机的一大因素就是开国皇帝朱元璋制定的"宗王供养制度"。据人口史专家推算，至明朝末年，朱元璋的子孙已暴涨至百万之众，许多省份的财政收入，已经不足以供养本省的皇族。

"吾尝巡视水道，严筑堤防矣；然日不暇给而患未尽去、利未尽兴也。"——了凡亲力亲为巡视考察河流，兴修水利，严筑堤防，但是工作量大、时间不够、许多事情还没做完，水患尚未根除，水利尚未完工。这一条何止无错，简直是太有功了。

"吾尝思家邦之御起于闺门，倡以至德，和以大道，而相信相从，蔼如琴瑟矣；然道力轻微，欲情浓郁，而枕席之间，隐微之际，不能无逸行也。"——了凡将夫妻之道，视为家风建设和国家精神文明建设的根本，提倡以德治家、夫妻和谐，然而自己定力不足，情欲浓郁，夫妻生活难免有放逸的时候。了凡连夫妻生活偶尔不够节制，都要反省，这种检讨和改过的精神，也实属史上罕见了。

"吾尝悯城内外火夫等役，偏累贫民，而速为停免矣；然守御未备，供应乏人，而制非经久也。"——了凡怜悯贫苦百姓承担消防工作的劳役，予以停免，然而防火缺人，非长久之道。这一条，确实是两难。毕竟是穷县，经费有限，民力艰难。

"吾尝讲求良法，保甲有书矣；然奸宄倚法为奸，不得竟其事而贼盗时有也。"——了凡在基层推行保甲联防，签订保证书，但总有奸人找漏洞，不能尽责，盗贼还时有出现。穷人还是太多，经济还是太落后。

"吾尝辨清军之扰，而勾捕募兵，力为申止矣；然册籍未订，军丁犹苦，而不能尽祛其害也。"——永乐年间后期，军屯制度就开始遭到破坏。虽然朝廷多次派官员勾捕逃军，甚至专门设清军御史处理军户逃亡及勾补军伍事宜，但是军户手中的土地越来越多地被上级军官和各级官吏侵吞，逃亡现象反而愈演愈烈。了凡遣散了各里甲的清军书吏，禁止勾捕募兵行为，但是相关册籍尚未修订，军户还在受苦。这主要是国家体制原因，了凡其实不必太自责。

"吾尝悯养马之苦，而请免其逋负，轻其罪赎，且闲时不行点扰，印时必求宽验矣；然分田寄养，犹未能请复旧额也。"——了凡怜悯养马户的辛苦，向上级申请减免过去逃欠的税款，减轻罚款，平常不打扰，收马时标准放宽，但是给养马户的田地，未能恢复最初的标准。土地兼并是全国现象，了凡不必揽过。

"吾尝遇斋戒则处心思惕，奉祭祀则备物尽诚矣；然戒久则难持，人众则难察，而交神未必其尽礼也。"——了凡斋戒时能够做到小心谨慎，祭祀时能够以诚意准备，但是时间久了守戒松弛，准备祭品也因不能对众人监察到位，对待神灵的礼数还不够恭敬。了凡善于从起心动念之处审视自己的过失。

"吾尝发广大济世之愿，上自君相僚属，中至师友党亲，下及昆虫鸟兽，日叩头而祝其福矣；然有愿无力，居然间隔也。"——了凡发愿拯救时世，利益众生，上至皇帝阁臣各部官僚，中至老师、朋友、同乡、亲戚，下至昆虫鸟兽，他每晚磕头祝福一切众生，但是有愿心，却缺乏力量，发心与实际效果之间还有很远的距离。其实，有此大愿，已是大德。

"吾尝崇俭素、简礼仪，而相倡以厚道矣；然德薄诚漓，风俗未尽丕变也。"——了凡崇尚生活简朴，简化应酬，提倡淳厚的社会风气，但他认为因自己德行不深，诚意不足，宝坻的风俗尚未彻底好转。民风是一方百姓之共业，了凡已经努力做得很好了。

"吾尝恤阉割之伤和气，而严为禁约矣；然已宫者未能悉教以礼义也。"——了凡严厉禁止自行阉割以求进宫当太监飞黄腾达，但是对被阉割的男人，却没能教他们做人的礼义。这一条其实也怨不得了凡，人各有志。为政者，需要处理的事情太多，教化百姓力有未逮也不算大错。

"冥顽不灵，蹈明禁而触幽网者，不可胜数，罪皆在予，则罚亦宜在予，不宜重困此一方之民也。愿取其志而矜其所未能，谅其诚而恕其所不逮，使甘雨早降，变灾为稔。不胜惓惓大愿！"——了凡总结，老百姓冥顽不灵，违背人间法规和阴司禁忌的人很多，所有的罪过，皆在自己一身。希望上天能够体谅他有治理一方的心志但能力有限，能够早降甘雨。

这篇《祷雨自责文》，在某种意义上，也是一篇阶段总结式的"功过格"。了凡讲了几十条，全是实事，句句发自内心，没有一句客套。如果总结其中心思想，可以用两句话概括：一切都怪我！老天请降雨！

了凡的门生补充记录了当时发生的情况："时不雨三月矣。祷毕，白日方烈，阴云忽生，公未旋车，大雨如注。明日又雨，四郊沾足。遂成丰年。"

二 十 五

清廉官员的神奇"感应"

带孩子是最费心的，吃喝得管，不能让孩子没饭吃，纪律得管，不能让孩子没规矩，管严了，显得苛刻，管不住，孩子真可能惹事。没有无私的爱心、恒久的耐心，实在侍候不了孩子。优秀的知县，对治下的基层民众如同对待自己的孩子。了凡那种殷殷之情、拳拳之心，在《宝坻政书》里展示得淋漓尽致。

《宝坻政书》由了凡弟子刘邦谟、王好善编辑，这两位除了编辑了凡为政期间的公文、告示、政令和案卷等材料，在各篇篇首加以归纳说明外，又补写了"感应篇"，将一些美好故事记录下来。

这两位弟子，在当地都是有身份、有名望的人。了凡在宝坻重视教育，亲自在县学里为学子们讲课。宝坻连续十五年没有出举人了，了凡任职期间，一届会试出了两名举人，他们就是刘邦谟、王好善，其中王好善后来还中了进士。这二人才学最优，是当地学子的榜样。他们的地位名望不允许他们撒谎，他们收集的这些事迹，成书于了凡离开宝坻五六年之后，万历年间刊刻发行，所有的事迹都经得起当地官绅和百姓大众的检验，真实性是不必怀疑的。

"感应篇"的按语里介绍："先生性甚朴，心甚真，举动坦夷，不设城府。幽格鬼神，明动民物，神感神应，有出于寻常耳目之外者。其事甚多，不能尽述，姑即其章章较明，为遐迩所传颂者，辑《感应书》。"

第一个故事是不报祥瑞的故事。了凡上任之初，宝坻已经连涝五年。了凡上任之后下基层调研，在田野里指导百姓浚导洪水，修堤分洪，积水尽泄之后迎来丰年。在他治水期间，老百姓没有粮食吃，田地里忽然生出农民以前从未见过的野草，根茎吃起来都有甜味，磨成面粉之后可以充饥，靠着这一奇异的野生品种植物，宝坻百姓度过了荒年，迎来了丰收。当时有人劝了凡向上级申报祥瑞，粉饰太平，被了凡拒绝。在中国历史传统上，上至朝臣，下至各地基层官员，都喜欢记录祥瑞，作为上天赐予的福祉，传播开来，让更多的人知道，以宣传皇帝德化的效果。了凡专门撰写了一篇小文，讲解了不予申报的理由。在他看来，这是朝廷诏狱多年未行刑的德政感召，不是他小小知县感召的祥瑞，何况宝坻正值百废待兴之际，"人心闻灾则惧，惧则有益；闻祥则喜，喜则怠事。"《宝坻政书》的感应篇里，收录了了凡撰写的这篇《野谷解》：

　　余释褐例应为令，令宝坻。至，则大涝稽天，谷不熟者数年矣。富者贫，贫者死，死者相枕籍。余久习铅椠，不通世事，莫知为计。幸监司相信，得算减浮费四千三百余两，一切供应如四轮车、采石夫匠之属举得赐免。于是稍稍获休养，逃者渐归，四方流民渐有至者。然请赈则仓无现粟，议贷则野无富家，民聚而无食，只益乱耳，日惴惴然，忧之不置。十月间，水落土出，有野谷旅生，其实比黍差大，比蜀差小，其苗长不过三四寸，而结实甚繁，民赖以食。客持以示予，且请曰："此非常之瑞也，宜以上闻。"予曰：不然。颂太平者急天符，核治行者先人事。予治宝坻，盗贼未息，争斗时起，虽有嘉谷，讵足为瑞？吾闻王者修德缓刑，则天应以嘉谷。今朝廷诏狱不行刑者数年矣，使此为瑞征，是宜在圣君贤相，不在一令也。瑞在吾君吾相，而吾布闻之，道小者能，余弗能也。人心闻灾则惧，惧则有益；闻祥则喜，喜则怠事。《春秋》记灾不记祥，岂无谓哉？且闻不啬而获者不祥。小子黄学未离呫哔而名满天下，治未离案牍而若民翕然颂之，皆所为不啬而获也。天殆以是正训予欤？因恐惧修省而隐其事。

第二篇故事是养马监的太监被了凡轻刑缓征的优异德政所感动，对这位新任知县非常钦佩，专门写了一篇文章赠予了凡。《宝坻政书》的感应篇里，收录了太监戴公公撰写的《异政传》，主要内容为：

本监马坊之地，大都皆在宝坻。名征芦税，其实皆谷租也。历年大潦，民多逃匿，所征之税十不得一。征收者往往负罪，莫可控告。岁戊子，了凡袁公来令宝坻，轻刑缓征，与民休息。其时，逃者渐归，又恐乏食。忽生异草，甘美可飨，民藉以充饥而力耕，一异也。至秋成，又产野稗，长不满数寸，而结实特繁。由是四方之民辐辏来归，而荒地尽辟，二异也。越明春，苦旱，以大雨初晴，野多生虫，遍啮禾根。公作文祷于神，一雨，虫尽死。其禾黍被啮处，一茎辄变数十茎，岁则大稔，三异也。匪直如此，海滨之民多顽梗不奉法，呼之不来，征之不应，非严刑，卒多逋负。公信义足以服人，慈恕足以孚众。今岁予至，奉前辈王公之约，事皆取决于公。公出片纸，而民立应，不俟督责而税事大集，顽钝者输诚，强梗者革故。此政之尤异者哉！

第三个故事是御马监太监被了凡的风范感动，甘为门生的故事。大明御马监是长期被司礼监掩盖光环，实际上比司礼监还有权势的太监机构。明代两度设置的特务机构"西厂"，都由御马监提督，权力一度超越由司礼监提督的特务机构"东厂"。宝坻之地，有一半左右都是被京城里的权贵把持。御马监养马数量有限，大量土地用来出租，名义上叫"芦花税"，实际上收的还是粮食，其中大部分要上缴国库。太监们经常到宝坻收税，飞扬跋扈惯了，大多不遵守法纪，虐待百姓肆无忌惮，要么关起来不给食物，要么扒光衣服吊在树上，前前后后闹出不少人命，地方官员管辖不得，也无可奈何。了凡上任后，太监王铭自恃上头有人，不把小小的七品知县放在眼里，言行骄横，不可一世。但凡地方官落下什么把柄，这些太监都能轻轻松松将其整个半死。了凡一心为公，节操清正，自然不用担心被人抓住什么把柄，所以他平心静气，开诚布公，讲述地方百姓之难，希望对方能尊重国法，体谅百姓之苦。太监王铭被了凡不卑不亢的风范和真诚的言语打动，自惭形秽，对了凡也越来越钦佩，越来越恭敬，后来准备了拜师礼物，甘作门生。了凡收下了这位弟子，并与之约定：今后太监讨税由县里代劳，太监不要拘捕和打扰百姓。从此，宝坻人民免受横征暴敛之苦。这件事情，可以看出了凡的感化力之强大。

第四个故事还是拜师的故事。拜了凡为师的，是级别在其之上的云南沾益州（今宣威）知州马中良（字瑞河），高阶官员拜低阶官员为师，并不多见。了凡在宝坻刊刻个人专著十余种，其中有《祈嗣真诠》《静坐要诀》《诗外列传》等。这些著作对弘扬德化很有效果，不少人拜读之后从此改过行善。马中良读《静坐要诀》，非常佩服，派人送拜师礼，遥称门生，并写信请教治心入道的要义。了凡在信中回复：现在真心学道的，并不多见，当年著名清官聂豹（号双江）想拜王阳明为师，但阳明先生已经去世，聂豹就写文章自称弟子而祭奠老师。人们讲王阳明生前收了不少弟子，有的人已经背离了老师的教导，而聂豹这位在王阳明身死之后拜师的，还能坚守老师的教诲。王阳明是聂豹的先辈，而你马中良出仕较早，官场上资历深、级别高，虽未谋面，能以师礼相加，岂不比聂豹更胜！听闻唐代圭峰禅师还未见到御赐"清凉国师"称号的澄观大师，偶然读到其所著《华严疏钞》，即遥拜为师。了凡认为知音难觅，虽自己不及清凉国师万分之一，但马中良拜师之心不亚于圭峰禅师，因此他收下拜师礼，以成就马中良的高义。他在信中回复了马中良关于修行与持戒的问题："凡坐禅，须先持戒，使身心清净，业障消除。不然，决不能生诸禅定。"马中良在信中还问了一个很经典的问题：修行必须在山中闭关或者独居，还是在市居朝也可以？了凡是怎么回答的呢？他说："名山静地，原是坐禅之所；在市居朝，则调心法也。足下自审力量何如，若直下担当全无剩欠，则案牍喧哗皆成妙境，一切交际治生，皆与实理不相违背。无清净可慕，无纷扰可憎，连禅亦不必坐也。倘未能然，须向高高山顶坐，寂寂房里修。切勿托大，致令耽搁也。"最关键的一句，要看自己"自审力量何如"。了凡强调：如果修行水平有限，还是老老实实到名山静地，高高山顶坐，寂寂房里修，不可托大，不要耽搁真正的修行。

第五个故事，是了凡为政期间减轻刑罚，出现枷上生灵芝的瑞相。他初到宝坻之时，要求校勘刑具，发现该县重枷达百斤以上，轻的不下八九十斤。了凡说，按大明律法枷重只许20斤，现在这么重的刑具是违背法律的。于是按照法律规定另造轻枷，将旧枷堆在监狱里的墙根之下，时间久了，了凡让人劈柴作为烧火之用，把这些废弃的木枷利用起来，结果发现两朵灵芝，一朵长在堆放旧枷的空地上，一朵就长在枷上，色彩灿然。宝坻当地人纷纷前往围观，不少人写诗歌颂这件事情。《宝坻政书》的感应篇里收录了其中3首诗，一首是御史萧九功所作："昔人愁绝处，此日忽逢春。雀散青天月，芝生绿水滨。瑞云铺肺石，秀色动圜宾。仔细看灵物，还疑狱有神。"另两首是当地文人顾与奇所写："渠阳日暖百花开，两朵新芝出夜台。雨露满天春树晓，青蝇飞尽一声雷。""野有垂棠口有碑，使君深爱洽茅茨。青风不道图圄陋，直送天恩列紫芝。"

第六个故事是讲述了凡感化胥吏和饥民。遇到荒年，了凡安排全县各地施粥，并派有资历的胥吏负责，往年这些事情总有人借机"揩油"。了凡向各位胥吏流泪嘱托，请他们不要掺杂泥沙和冷水，以免致人生病。奸猾胥吏深受感化，一心奉公，再无克扣粮食中饱私囊之举。了凡又要求饥民排队就食，不得加塞插队，众人都听从命令，秩序井然。"公以诚感之，而狙诈者奉公，饥馑者守礼。感应之机亦神矣哉！"

第七个故事是"嘉禾"遍野的故事。了凡精于农艺，见土辨色，就知道适合播种什么谷物。他编撰刊刻《宝坻农书》，随地教民，多年荒地都开成了良田。然而在向上级汇报的公文里，他只报忧不报喜，明明是丰收也说是荒歉。屯田御史巡查发现四野田禾茂盛，发函责问。了凡答道：连接灾害，刚有丰收，体恤到老百姓的辛苦，"只宜报灾"，"伏愿重念连岁之积疲，且缓今年之夙负，勿夸良吏，但恤贫民。不胜恳祷之至！"或许是了凡一片为民之心感动了天地，"是岁，嘉禾遍野，有一茎五六穗者"。

第八个故事是狱墙倒塌没有逃囚的故事。之前宝坻管理监狱的人因发生囚犯越狱，官吏们都受了重罚，所以对囚犯加强了管理，"昼夜縶系，死者相继"。了凡上任之后，要求放宽刑罚，经常到监狱里讲述善恶感应的道理，许多囚犯听到之后都悔悟流泪。万历十七年（1589）七月十七夜大雨，狱墙尽塌。囚犯们互相告诫，有了凡这样的知县，我们怎么能忍心辜负他，不能发生逃狱行为，不能让清官受到连累。于是，出现了"无一人逸者"的德化奇迹。

第九个故事讲的是了凡平反冤狱、监狱变道场的故事。宝坻县有死囚14人。了凡上任之后，认真审讯，发现只有两起案件是依法该判死刑的，其余12起都有疑点。然而，纠正上级已经审定的错案，并不是一件容易的事情。了凡的报告被上级否定，他就坚持再打报告。受到挫折归来之后，了凡召集众囚，做了一番劝导："作善降祥，作恶降殃，上天明命也。吾竭力贷汝命，而上官不省。岂独无慈念哉！由尔曹悔过未深，前愆未涤，不能动天耳。"了凡与囚犯们约定，如果悔悟图新，他会继续努力为之申冤。死囚们听从了了凡的建议，认真反省忏悔，每天像了凡一样早晚都做功课。监狱囹圄之地，俨然成了修行的道场。五年间，在了凡的努力申诉之下，这些死囚相继脱罪。了凡离任时，监狱里没有在押的囚犯，大堂上没有待办的诉讼，可见德化之功。

第十个故事讲的是了凡气场强大，威慑诬告者吐露实情，三十年冤狱一朝得解。三河县有一个名叫王绅的人与富人戴洪有仇，诬告对方毒杀其女并抛尸。王绅死后，儿子王大本、王大化坚持诬告。上级因了凡断案公正，思路清晰，委托他重审此案。王大本因病未到官府，只有王大化出来对质。结果了凡一审讯，王大化就讲了实话，原来案中被杀抛尸之女并没有死，还在蓟州李宅生活呢。王大本抱怨他弟弟，说咱们为了给父亲报仇，都诬告对方三十年了，为何一下子吐了实话？王大化说，只见那当官的堂堂正正坐在堂上，就不由得不说出实情。《宝坻政书》的感应篇的编辑感叹："公不甚用刑，虽问强盗，亦未常轻以严刑拷讯，而事情往往得实。"

第十一个故事讲的是了凡办案随审随结，公堂上没有积案，请客送礼的少了，县衙附近的熟食店生意冷落关门转行的故事。

第十二个故事讲的是宝坻税赋徭役沉重，本地民众外流甚多，逃避籍贯登记。了凡废除了苛捐杂税和各项杂役，有将近四千户申报入籍。"公至之日，村野萧条。及升任时，四郊辐辏，流民之增不啻十倍云。"

《宝坻政书》后文还讲了了凡帮助宝坻县梁城千户所的驻军，重新丈量屯田，帮助减免驻军负担的故事。以及了凡在任期间施行德政，民间纷纷挂上他的画像，为其祈福，虽禁不止。了凡离任后，宝坻百姓自发集资，为其在城西建造生祠，路人必拜，不少百姓流泪怀念他。

《宝坻政书》记录的这些"感应"案例，堪称了凡在县域治理上取得的优异成绩，很多几乎不可能完成的任务，他都漂漂亮亮地完成了。了凡并不是官二代，可以利用的官场资源是相当有限的。在一个环境恶劣的贫困县里，能充分调动体制力量并不容易，事实上，了凡上任之初确实遇到过很大的麻烦，县衙里的公务人员要撂挑子，消极抵制新来的长官。人家就是不听你的，你能怎么办？衙门里的胥吏们想捞钱，他们已经习惯占公家的便宜，已经习惯欺负老百姓，这里有一个强大的惯性和风气需要改变，更不用说那些来自京城的凶悍的宦官，他们在地方上真的可以横行霸道、无法无天，草民的性命在他们眼中如同蝼蚁一般。要感化这些人，需要超级强大的能量，首要前提就是自己有足够的正气。

了凡没有和官场的腐败势力同流合污，也没有破罐子破摔，他充分考虑方方面面的利益和难处，他用最大的耐心、尊重和关爱，带领大家走出心中的匮乏和阴暗。了凡的一言一行、所作所为，让大家都能感受到他的发心、他的勇气和他的道德魅力，人们的善念于是被激发出来，他们对了凡的态度也从普遍轻视转变为高度尊重，从消极抵抗转变为积极的支持，以至于出现了飞扬跋扈的宦官拜在了凡门下做弟子的佳话。这就是道德自律所产生的感召力。

道德自律能产生强大的能量场，人们经常称之为"气场"。了凡一身正气，他的气场能感化很多人，让很多有私心的软弱的人变得正直而坚强，能够在激发人们善念的同时震慑人们的恶念。了凡的官场"感应"，证明了这样一个道理：至诚的道德自律，可以改变环境，改变人心，改变能量的传递，这就是所谓的"至诚格天"吧。

二十六

世间祸福，多是咎由自取

接着看《了凡四训》原文——

孔公算予五十三岁有厄，余未尝祈寿，是岁竟无恙，今六十九矣。《书》曰："天难谌，命靡常。"又云："惟命不于常。"皆非诳语。吾于是而知，凡称祸福自己求之者，乃圣贤之言。若谓祸福惟天所命，则世俗之论矣。

了凡开始回顾自己的一生，他说：孔先生算我的命，到 53 岁时，应该有灾难。我虽然没祈天求寿，53 岁那年，竟然一点病痛都没有。现在已经 69 岁了。《尚书》上说："上天的意志难以捉摸，人的命运无常。"又说："天命不是固定不变的。"这些话，一点都不假。我于是知道，凡是讲人的祸福都是自己求来的，这些话就是圣贤之言；若说祸福都由天注定，那就是世俗之论。

写这篇自律文章时，了凡已经 69 岁，离告别人世没剩几年了。他向孩子总结了这篇文章的主旨：一生的祸福都是自己求来的，不是命运安排的，要相信圣贤之言，而不是世俗之论。《了凡四训》就是对圣贤之言的注解，所以也属于圣贤之书。

《了凡四训》的出现，以及在民间的广泛传播，在某种意义上，是与同时代盛行的命理学说打擂台，弘扬中华传统文化倡导的自强不息的精神，为宿命论阴影笼罩下惴惴不安的人们照出一片光明。

了凡晚年出仕，成为朝廷公认的德能兼备的模范知县。在宝坻任职五年后，又因为军事上的非凡知识储备和见解被调入兵部，很快以军事参谋的身份随军出征，参与了抗倭援朝的战争。他因与领军统帅李如松意见不合而被弹劾，李如松虽然抗倭有功，但做人的品德上还是有瑕疵的，他弹劾了凡的罪状里，居然还有在宝坻任职期间"纵民逃税"。多年后朝廷追叙了了凡征讨日寇的功绩，追赠他为尚宝司少卿。了凡人还在朝鲜的时候，国内政局也硝烟弥漫，了凡与一位兵部同事及两名吏部官员，成为内阁与吏部权力斗争的牺牲品。

了凡在给一位朋友的信中写道："五月十八日抵家，回到魏塘镇。今登第凡八年而归，四壁萧然。幸弟妇及儿辈上年八月先归，收本年之租，稍可支持。不然，口食且不给矣。"从 53 岁进士登第，八年后回归，了凡已经 61 岁。这八年，了凡清廉自守，家里的物质条件没有改善，幸亏还有上百亩的水田可以收租。

回到故乡之后，嘉善县知县章士雅聘请他作为主笔，重修《嘉善县志》。第二年，了凡举家搬迁到汾湖对岸的吴江县芦墟镇赵田村隐居。芦墟镇，是当年他的曾祖父袁颢从小成长，后又入赘的地方。了凡搬到芦墟镇赵田村后，建造了新的"万卷楼"用于藏书。在教育孩子和著书立说中，了凡度过了平静的晚年生活。

了凡和妻子育有三个儿子，还有一个养子，是知心好友叶重第的儿子。了凡上任宝坻知县不久，叶重第到同属北直隶的邻县玉田县赴任知县，中途得子叶绍袁，因母乳不足担心自己家养不大，便将其送到宝坻，托付给了凡。10 岁时叶绍袁才回到亲生父亲身边，不久叶重第病故，叶绍袁又重回袁家。叶绍袁与了凡的长子袁俨一同读书，并在同一年考中进士，延续了父辈的同科传奇。叶绍袁的妻子沈宜修，女儿叶纨纨、叶小纨、叶小鸾都是晚明文坛的才女，其子叶燮是著名的诗歌评论家。

了凡73岁的时候，长子袁俨已有五子。晚年子孙满堂，尽享天伦之乐，命运待他可谓不薄。

了凡老年得子，在他的悉心教导下，儿子袁俨（袁天启）学业上很用功。在科举仕途上，袁俨走得也不算很顺利，但比起父亲要好很多。天启五年（1625），45岁的袁俨中进士。

袁俨后来出任广东高要县知县，他像父亲一样清廉，像父亲一样勤勉地为民众尽职尽责。他身上，传承了袁氏家族的善良正直，体现着了凡家庭教育的优秀成果。天启七年（1627），高要夏水秋涝，城中水深三尺，袁俨奔走救灾，因积劳成疾殉职。崇祯十五年（1642），了凡父子一起入祀吴江乡贤祠。

一生七十多年的岁月里，了凡很好地完成了人间的使命和角色。就家庭而言，他是一个孝顺的好儿子，也是与妻子同心同德的好丈夫，更是爱心深沉的好父亲，也是慈祥的老爷爷。就社会而言，了凡是一个德能兼备、廉洁自律的优秀官员，也是在国内国外两个战场都为抗倭战争做出过贡献的爱国者。了凡还是著作等身的学者、跨界广泛的专家。此外，他还是道德自律的实践家和救济贫困的社会慈善家。《了凡四训》的广泛传播，让他成为有着跨时代影响力的民间善书写作者、社会道德风气塑造者，以及中华优秀家庭教育文化的传承者。如果要为了凡写一本详细的传记，恐怕还有许多历史资料细节需要挖掘。在《了凡四训》所呈现的故事里，他是成功改造命运的设计师和工程师。

到了晚年，了凡大居士有了更多的时间和精力在世俗生活中践行佛法的教理，他为中华优秀传统文化儒释道三大体系的融合做出了卓越的贡献。

了凡晚年也会经常思考，自己死后要到哪里去、能到哪里去，应该知道如何通过修正自己的思维和行为模式，牢牢把握生命的航向，实现心灵的净化与超越，顺利实现生命形态的"升级迭代"。

万历三十四年（1606）七月，了凡在吴江县芦墟镇赵田村告别人世，无疾而终，享年74岁。笔者相信，在了凡先生离开人世之际，定能以从容不迫的态度面对生命的终结。

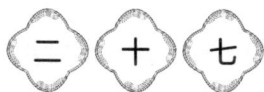

二 十 七

留给孩子最珍贵的遗产是什么

接着看《了凡四训》原文——

汝之命，未知若何？即命当荣显，常作落寞想；即时当顺利，当作拂逆想；即眼前足食，常作贫窭想；即人相爱敬，常作恐惧想；即家世望重，常作卑下想；即学问颇优，常作浅陋想。

写到这里，了凡已经结束了对自己一生命运的讲述，中国传统文化里"逆天改命"的民间叙事样本已经走到尾声。了凡应该能对儿子的人生发展轨迹有一个大概的判断，但他没有跟孩子讲这个，他写下立命之学，就是为了让孩子不要走自己的老路，不要陷入命理的束缚。叙事部分讲完之后，他就开始交代最重要的精神遗嘱。

现代社会，经常有一些律师会向客户提建议——你们要立遗嘱啊，如果你不立遗嘱，等你死了以后很多事就说不清楚了，财产分割可能不是你生前期待的样子了。律师们会孜孜不倦地普及生前就立遗嘱的理念。当然，生命无常，风险无处不在，谁也不知道自己啥时候离开人世，生前准备遗嘱并产生法律效力，也是不错的选择。确实有许多人没有做好准备，身后留下一堆麻烦的事情。一些豪门家族会在律师的指导下，老早就把房子安排好，保险安排好，股权安排好，信托安排好，一切都交代得明明白白，希望子孙后代世世无忧。但大多数普通人可能还在为生存而奋斗，还无心考虑身后的遗嘱。

中国古代文化传统里，代际传承更强调美德的培养。没有德行，再多的财产子孙也守不住。儿孙自有儿孙福，如果福报不够，过多的财富反而是祸害。

《道德经》对于世间财富的无常流动做了非常深刻的总结，"金玉满堂，莫之能守。富贵而骄，自遗其咎"。《无量寿经》里也讲"爱欲荣华，不可常保"。《红楼梦》更是详细描述了豪门世家的衰败过程。

古人把财富视为"五家共有"：水家、火家、官家、贼家、败家子。了凡的家乡处于富庶的江南腹地，但也经常闹水灾，庄稼颗粒无收导致很多家庭的毁灭。火灾也能毁灭财富，紫禁城里花费巨资的宫殿，都会被大火吞噬。水灾、火灾，指的都是自然灾难，这似乎是无可躲避的"天灾"。

财富还为官家所有，在古代是指因犯法被官府罚没财产，或者被贪官污吏巧取豪夺。一旦遇到抄家的情况，积累再多的财富也会转眼易手。了凡祖上就因为卷入政治惨案而被没收家产。

财富还归贼家所有。贼人到处都有，财产随时可能被贼盗窃走。人们显然不乐于接受这样的财富转移方式，以至于有一句谚语久远流传——"不怕贼偷，就怕贼惦记"。

财富也归败家子所有，是指不肖子孙能败尽家财，再多的金钱、土地、房产也不禁败。当今社会新闻中也经常爆出"坑爹"的败家子，一炫富不打紧，连串的灾难都来了。比较典型的败家模式是：开豪车、买好包，花天酒地，加速损耗自己的福报，最后出了交通事故，车毁人亡，然后再把长辈也拖下水，整个家族跟着衰败。儿孙没有能力驾驭财富，手里的金银财宝自然会脱手，这是天道，非人力所能改变。家族基业长青并不容易，不可能每一个家族的后代都非常优秀，能量总会有衰减，基因总会被重组。

与了凡同时代的学者张元忭（嘉靖二十六年状元）写过一篇很有影响的文章《遗子说》，不赞成把财富留给子孙的做法："客有广买田宅遗其子者，其言曰：'不如是不足以遗吾子。'"张子批评来客道："子之父遗子几何？子之祖遗若父又几何？"客曰："吾祖所遗薄田蔽庐耳，吾父始拓之，至余又拓之。"张子曰："若是，则安用子之汲汲焉为若之谋也？"用白话讲，既然这位朋友有今天的成就，不是靠祖辈留下的遗产，又何必给儿子操那么多心呢？张元忭批评这位朋友："子过矣！子过焉！子乃安可逆料汝之子不贤且不智，如若父与子之能自创立也，而汲汲焉为之谋耶？若子广田宅以遗若子，而逆待之以不肖，遗之虽厚，待之实薄矣。且子既不肖待若子，又安望子以贤且智自待，而终守所遗也。夫我则不然。我则以贤且智待吾子。"

晚清名臣林则徐曾经写过一副对联，或许就受到这篇《遗子说》的启发——

上联：子孙若如我，留钱做什么？贤而多财，则损其志；

下联：子孙不如我，留钱做什么？愚而多财，则增其过。

近代著名实业家、曾国藩的外孙聂云台，1920年任上海总商会会长。1942年、1943年间为劝诫世道人心，他撰写了《保富法》，在上海报纸上连载。这篇文章开篇介绍了"保财"的艰难："发财以后，有不到五年、十年就败的，有二三十年即败的，有四五十年败完的。我记得与先父往来的多数有钱人，有的做官，有的从商，都是煊赫一时的，现在已经多数凋零，家事没落了。有的是因为子孙嫖赌不务正业而挥霍一空，有的是连子孙都无影无踪了。大约算来，四五十年前的有钱人，现在家业没有全败的，子孙能读书、务正业、上进的，百家之中，实在是难得一两家了。不单是上海这样，在我湖南的家乡，也是一样。清朝同治、光绪年间，中兴时代的富贵人，封爵的有六七家，做总督巡抚的有二三十家，做提镇大人的有五六十家，现在也已经多数萧条了。"

了凡的家庭在当时只能算中产，谈不上巨富，最珍贵的应该是家里的万卷藏书。了凡没有巨额财产留给后人，他已经洞悉了世间财富的积累与流传规律，也对无常变化的人生深有体会，他的儿子是不是合格的接班人？命运又会怎样呢？在他看来都不必担心，最重要的是，把孩子往什么方向培养。

所以，了凡在第一章"立命之学"最后的篇幅里总结：孩子，你的命运不知究竟会怎样，就算命中应该荣耀显达，还是要常常当作凄凉潦倒去想；就算碰到顺利的时候，还是要常常当作不称心、不如意去想；就算眼前有吃有穿，还是要当作穷困去想；就算旁人喜欢你，敬重你，还是要常常小心谨慎，保持敬畏；就算家世有巨大的名望，还是要常常当作卑微去想。就算你学问做得优异，还是要常常当作才疏学浅去想。

这番谆谆教导，带着深沉的父爱，对孩子进行思想上的嘱托，不管将来命运如何，他都希望孩子能够居安思危，保持对无常的敬畏，保持谦虚之心，不要傲慢，不要狂妄，不要目中无人。对于别人的尊重和世间的浮名，要诚惶诚恐，要如履薄冰，因为自己的德行和能力未必配得上别人的称赞和追捧。

接着看《了凡四训》原文——

远思扬祖宗之德，近思盖父母之愆；上思报国之恩，下思造家之福；外思济人之急，内思闲己之邪。

了凡进一步引申到日常的发心训练：讲到远，要想着继承发扬祖先的品德；讲到近，要想着弥补父母可能存在的过失。向上，要想着报答国家的恩惠；对下，要想着为家族谋幸福；对外，要着想救济别人的急难；对内，要想着防范自己的邪念。

这几句，了凡主要讲的是保持感恩之心。

为什么要感谢祖先呢？我们来到这个世界，要感谢祖宗们一代又一代传承的基因，不仅是生理基因，也有文化基因。继承祖辈们的优良品德，并将其发扬光大，就是对祖宗们最好的感恩和告慰。

为什么近思弥补父母的过失呢？父母不是完人，难免会有不足之处，弥补父母的过失就是对父母的感恩。

向上要想着报效国家之恩，国家对我们有栽培和造就之恩，我们要好好努力，让国家变得更美好。国家遇到外部威胁的时候，我们要积极地挺身而出，保护这个国家。这一点了凡做得非常好，尤其是用自己的才华为家乡和祖国的抗倭事业做出了贡献。

国家是一个个家庭的大组合，家庭是国家社会最小的细胞。为家人谋幸福，就是对家庭的感恩，也是落实对国家的责任。我们不能为一家之私利去损害国家的利益，而是应该把个人家庭利益放在国家利益的大船上。普通老百姓家运要好，就要赶上好世道，从这个意义上讲，家运其实就是国运，国家好了，小家庭才会好。

了凡曾告诫儿子："上疏陈言，世俗所谓气节。然须实有益于社稷生民则言之，若昭君过，以博虚名，切不可蹈此敝辙。"意思是说，有益于国家和民生的话，可以向上进谏，如果只是为了批评朝廷的过失，以博取"犯颜直谏"的虚名，那就重蹈了某些言官的过失。

"外思济人之困"，说的是对大众的感恩。每一个人活在世上，再小的生活细节，都跟社会大众提供的基本条件分不开，都是众缘和合的结果。比如，我们吃的每一口饭都有农作物播种、发芽、成长、收获的过程，以及食品加工的过程、商业销售、交通运输，还有厨房加工的过程，等等，每一个环节都有大众的劳动。哪怕你花了钱，但资源是社会共有的，服务是大众提供的，所以我们要对大众有感恩之心。所以他人遇到难处，我们要尽力帮忙。扶危济困，就是落实对社会大众的感恩。

"内思闲己之邪"，就是控制自己的不良念头，因为我们的起心动念有太多自私的种子、放纵的种子。了凡希望孩子做最好的自己，做更完美的自己，做精进提升的自己，因为逆水行舟，不进则退，无论是修德还是学习、工作，方方面面都不能贪图安逸，不能"躺平""摆烂"。

了凡这几句话，不是简单的道德教化，而是深邃智慧的开导。

强调感恩之心，其实讲的是源头的人生动力问题：学习为了谁？考试为了谁？努力工作为了谁？改过行善、道德完善为了谁？

为了自己，出于自私的目的，当然也是一种动力，甚至也会产生很强的驱动力，但如果有了更多感恩之心做驱动，加持力是不一样的。

为了自己，也有可能会取得好的结果，那是随着个人的因缘和作为，能不能达到理想的预期要看命。但是，如果出于对祖先的感恩、对父母的感恩、对家庭的感恩、对国家的感恩，以及对大众的感恩，就有了更宽广的心量，所以也会产生更强劲的动力，就很容易突破命运的束缚。

心量有多大，能承载的福报就有多大。如果我们要"向宇宙下订单"，下一个大大的订单，那就需要强大的加持力。最大、最强的善念，才能带来最大、最强的加持力。所以，发心要发大心，许下愿望要发大愿，一切为了大众，就是大愿。发心不够清静，仅为满足一己私利的话，感召来的都是随波逐流的因缘。

在发愿和求愿上，了凡已经为我们做了榜样。不管有什么宏伟志向，都必须秉持坚定的决心，积极投身于伟大的善行之中。不断积累正能量，善用积极行为所产生的反作用力，最终必将获得周遭世界所回馈的丰厚礼物。这一过程需要耐心和毅力，但只要我们始终坚守初心，勇往直前，就必定能够实现自己的愿望。

二 十 八

一代奇才的成就与遗憾

接着看《了凡四训》原文——

务要日日知非，日日改过；一日不知非，即一日安于自是；一日无过可改，即一日无步可进；天下聪明俊秀不少，所以德不加修、业不加广者，只为因循二字，耽阁一生。

了凡向儿子寄语：务必每天通过反思了解到自己的过失，天天能够改过。如果一天不知道自己的过失，就会一天安于自以为是的心态。如果每天都无过可改，那就每天都没有进步。天底下聪明优秀的人才不少，有些人道德上不肯修持，事业上不能拓展，就是因为"因循"两个字，安于现状、得过且过，所以才耽搁了一生。

　　"日日知非，日日改过"，有这样的人吗？有。中国历史上，儒释道三大文化体系都有大量认真修身养德的人。对标圣贤的标准、追求高尚的道德，本身就是中华民族优秀品德的一大体现。"功过格"的长期流行，本身就是优秀的中国人进行道德自律的证明。了凡为大众做了很好的示范，他希望自己的孩子也能够保持修身改过的自律习惯。改过和积善，好比往功德池里续水，既要开源，又要节流。"改过"，就是节流；"积善"，就是开源。

　　了凡没有让"因循"二字耽搁一生，他自始至终都在上下求索，积极进取。如果说人生有什么遗憾，确实不少，许多事情他已努力，但众业所感的大势他改变不了。就自己一生的功业而言，了凡的遗憾还是不少的。

　　比如在天文历法上，了凡继承了家传的绝学，也四处拜师求教，著有《历法新书》。当时掌管天文历法的官方最高机构钦天监所用的《授时历》有误差，需要改正，但这件事情却迟迟没有启动。天文历法是有较高学术门槛的学科，又与老百姓的日常生活联系紧密，还关系到农业、水利和医疗等民生事业，也和国家礼仪和音乐有着特殊的关联——当时的音律以节气的征候为标准，十二律管候气是一个涉及天文历法与音律标准的交叉学科。《左传》讲，"国之大事，在祀与戎"。礼乐用于国家祭祀大典，修正乐律是内阁首辅张居正非常重视的大事。张居正本人就是音律专家，他组织的十二律管候气占验失败，派人请了凡救场。了凡到现场查找了原因，提出了纠正方法。他的学识造诣，让自小就有"神童"之誉的学霸张首辅自愧不如。

了凡明确相告：若要"正乐"（儒家恢复礼乐秩序的重要措施之一），必须先正历法。张居正担心修改历法涉及面太广，想只做"正乐"的事情。承担观察气象、测候灾祥职责的灵台掌印太监声称他不小心烧掉了了凡献出的《历法新书》，这是一个不太和谐的缘起，了凡或许也因此产生悲观的判断，他对张居正修正音乐的工程提不起兴趣，很快告病离开了这位朝廷最有权力的大臣。国家历法修订的因缘不具足，了凡除了遗憾自己怀才不遇，又能做什么呢？连张居正都不愿去做，还有谁愿意推动？

十几年后，了凡的门生王肯堂在兵部侍郎王对沧家见到老师所著的《历法新书》，亲手抄录回来。正式出版时，都察院最高长官左都御史李世达作序，盛赞了凡："予交了凡二十余年，见其乐善如饥，好学不倦，日间非静坐即观书，虽祁寒盛暑，不令隙虚。其与人交也，胸怀洞然，至情可掬，孳孳欲人同归于善。听其教，激励裁抑，具于片言之中，贤愚皆获其益。觌其面，如春风发物，鄙吝潜消，未有不爽然心服者。六艺之学久不讲，而了凡能以身通之。二氏为世所大忌，而了凡则笃信而力行之。大而天文地理，小而三式六壬之属，靡不开其关而入其奥。"他对了凡的仕途遭遇很是感慨："予重了凡之学，惜了凡之遇，耿耿不平久矣。"

了凡本来要在兵部施展才华，却因为突发的官场斗争而去职，也是一种报国无门之憾。他在宝坻做知县期间，就为周边的驻军将领呈上了地方驻军以及海防相关的建议，得到军方将领的高度认可。他的军事方略，既有早年在家乡共襄抗倭的实践背景，又有唐顺之、刘隐士等先辈高人的指导，还有自己对边关防务的深入考察，在同时代的知县角色里，很难找到第二个如此渊博和干练的军事人才。据学者考证，向朝廷举荐了凡的官员近30人，其中包括密云道、顺天巡抚、蓟辽总督、巡学御史、巡青御史、巡关御史、巡盐御史，以及太仆寺、户部等各衙门的官员。赏识了凡的朝廷高级官员有吏部尚书陆光祖、兵部尚书石星、都察院左都御史李世达、通政使穆来辅、工部侍郎潘季驯，以及列衔兵部尚书、协理京营、总督蓟辽保定军务的右都御史张国彦。

晋见皇帝之后，了凡以兵部职方司六品官员的身份出任军前赞画（大概相当于现在的机要参谋或参谋长），衣着皇帝特赐的四品官服前往朝鲜，参加了抗击倭寇、保家卫国的反击战。据学者考证，兵部侍郎宋应昌被派往朝鲜担任经略，是此次援朝抗倭战争的总指挥和最高负责人，了凡是经略宋应昌的谋臣，主要负责各类文书的起草、代表宋应昌与朝方进行信息的沟通、催促粮草供应等工作。

战争胜败的关键不仅是战场上的厮杀，后勤也是重要的决定性因素。懂行的人都明白，打仗打的是后勤。了凡负责的既有作战谋划，也有后勤调度。初期宋应昌身在辽东，了凡是宋应昌在朝鲜的重要代表，承担着与提督李如松和朝鲜方面的沟通工作。了凡得罪李如松并招致弹劾，主要是作为平壤大捷军功验收工作的负责人，他质疑李如松部下有杀良冒功的行为。李如松捏造十条罪状弹劾了凡，后来朝廷追叙军功，对了凡的功绩予以肯定，并追赠尚宝司少卿。真正影响了凡仕途的关键因素，还是来自朝廷的权力斗争。

万历二十一年（1593）二月底，在京官僚六年一次的大考察（又称"京察"）完成，此次京察的具体主持人是吏部尚书孔镛和都察院左都御史李世达，吏部考功司郎中赵南星、文选司顾宪成等人协助，有通过"京察"清理贪官、刷新吏治的意图，拿下的官员里有不少内阁大佬的门生故旧，招来内阁的反击。京察"拾遗"环节，刑科给事中刘道隆参劾了吏部员外郎虞淳熙、兵部职方司郎中杨于廷和主事袁黄（了凡）。在"拾遗"环节被弹劾的官员一般都在劫难逃，一场内阁与吏部的纷争由此而起。

这场权力斗争，双方阵营的大佬是吏部尚书孙鑨对战内阁首辅王锡爵。虞淳熙是新任吏部尚书孙鑨的同乡，并无大错；杨于廷在宁夏之役中有军功还未叙；了凡正在辽东宋应昌幕下赞画军事。如果公正处理，这三人都应该保下来，但这会给皇帝留下"吏部结党营私"的印象。孙鑨力保虞、杨二人无过，抛出了了凡。了凡是内阁首辅王锡爵的门生，二人私交很好，王锡爵很重视了凡在朝鲜战场的作用，他希望了凡的事情等朝鲜战事结束之后再议。刑科给事中刘道隆又弹劾吏部回护同党，皇帝大怒，严旨批评吏部，孙鑨罚俸三个月，考功司郎中赵南星降三级外调，虞、杨、袁三人免职。作为事情起点的刑科给事中刘道隆，也因没有明确在弹劾奏章里指出虞、杨、袁三人的罪名而被罚了俸禄。孙鑨上书请求辞职，并且为赵南星辩护。万历皇帝让内阁开会讨论此次纷争与孙鑨的请辞。会上，孙鑨、赵南星和王锡爵发生争辩。孙鑨再次遭到皇帝的谴责，为他鸣不平的不少官员也被贬到外地，礼部员外郎陈泰来上奏为孙鑨等人辩护，被皇帝贬官三级。左都御史李世达无意卷入吏部与内阁的争斗，他上书皇帝请求宽恕陈泰来等人，万历皇帝没有理睬，反而下旨把赵南星、虞淳熙、杨于廷、袁黄（了凡）四人作为吏部一党全都贬为庶民。

这场权力斗争中，内阁王锡爵和吏部孙鑨均未获胜。了凡身为兵部主事，却在朝堂大佬的权力争斗中被列入"吏部一党"，没有人甘冒皇帝的盛怒之威，为他这个小小的六品官员出头，他和两派大佬的关系都不算差，却偏偏成为朝堂内耗的牺牲品。

如果王锡爵和李世达二位大臣在位的时间能多延续几年，或许了凡就有复出的机会。他的朋友冯梦祯，就在上一次京察中被罢官，但后来又复出为官。了凡在官场的贵人们很快都退出了风暴旋涡中央的权力舞台，已经60多岁的他，官场上的黄金时代已经结束。

这或许也是天意，离开官场，远离纷纷扰扰的权谋角逐，难道不是一种特殊的保护？用手中的笔著书立说，以文化人，或许是了凡更重要的角色使命。如此来看，了凡回归田园和书斋，倒也不是遗憾的事，而应该视为一种幸运。

如果父亲在世，看到儿子步入仕途后面临的复杂环境，又会有怎样的建议呢？当年表兄沈科入仕，父亲是有过寄语的，《庭帏杂录》里记载了袁仁对外甥的谆谆告诫："前辈谓仕路乃毒蛇聚会之场，予谓其言稍过，然君子缘是可以自修，其毒未形也，吾谨避之，质直好义，以服其心，察言观色，虑以下之，以平其忿，其毒既形，吾顺受之，彼以毒来，吾以慈受可也。"对于了凡的仕途表现，想必父亲泉下有知，也会颔首称赞。

友人冯梦祯在《寿了凡先生七十序》中写道："所嘅（慨）天下皆知有先生，而先生仁心惠政仅试于宝坻一邑而已，徒以缙绅大夫间有不齐之口，先生竟以此穷于遇，儒称定命，佛语宿缘，先生且奈之何哉。然能穷先生于时，不能穷先生于道，著书访义为后学所宗，盖天将蓄其用以就无用之用，则不用于人而用于天，畴谓先生不大用哉。"在冯梦祯看来，了凡在立言传道上的作用，才是上天安排的大用。

作为政绩优秀的模范县令，以及谋略过人的军事专家，了凡已经在基层行政治理和对外抗倭战场两个不同的领域报效了国家和大众，他的功绩已被载入史册，被后人铭记。作为道德自律的标榜，他将记录"功过格"这一特殊的修身立德方式发扬光大，影响了数百年。

了凡不仅是立功立德的模范，更是立言的模范。他身后留下大量的专著，除了编撰科举辅导类作品之外，还撰写了农业专著《宝坻劝农书》、水利专著《皇都水利考》、天文历法专著《历法新书》、医学专著《祈嗣真诠》、家庭教育专著《训儿俗说》、史学专著《史记定本》《了凡纲鉴》（原名为《历史大方资治纲鉴补》），以及儒学专著《袁氏易传》《尚书纂注》《春秋义例》《石经大学解》《中庸疏意》《论语笺疏》等。

史学专著《了凡纲鉴》畅销数百年，民国时期仍被各地学堂包括新式学校的老师列为通史类必读参考书，大文豪鲁迅先生小时候也是其读者，并将其写进小说。现代学者、曾任全国人大常委会副委员长的周谷城在《读书要重经典》一文中讲道，《了凡纲鉴》是"真正的史书"，他早年自学了这本书，"正文看，注解也看"，"历史读了一本《了凡纲鉴》，增加了写文章的能力"。

了凡流传最广、最为知名的，当属《了凡四训》这一经典著作，劝善立德，励志自律，弘扬中华优秀传统文化，为中华民族的精神培根铸魂。曾国藩将《了凡四训》列为子侄必读的第一本书，现代著名学者胡适在《精本袁了凡先生四训》的封面上，曾写下题记："近年因治近世思想史，颇思重读此书，终不可得，今日得此本，重读一过，始信此书是中世思想的一部重要代表。"高僧印光大师在《了凡四训》序文中也高度赞扬了凡，其中写道："袁了凡诸恶莫作，众善奉行，命自我立，福自我求，俾造物不能独擅其权。"

《了凡四训》在许多海外华人社区也有重要影响。泰国著名企业家许书标，父亲是中国人，母亲是泰国人，他白手起家，创办天丝集团，推出的红牛饮料享誉全球。许书标在教育子女方面也非常严格，其中有一项要求便是：必须好好读《了凡四训》。

几百年来，了凡留下的经典家训不仅被中国各地的书香门第奉为"传家之宝"，还对日本政商两界产生深远影响。日本汉学大师安冈正笃先生称赞《了凡四训》为"人生能动的伟大学问"，建议日本天皇及首相都应该把这本书当作"治国宝典"。一手缔造两家世界500强企业、有"经营之圣"称号的稻盛和夫先生早年读到《了凡四训》，并将其作为人生指导，后来在著作中提到自己邂逅《了凡四训》："顿时得到了顿悟的感觉，原来人生是这样的……"

无论是立德、立功、立言，了凡都做出了不可磨灭的贡献，他的一生足以让后世的人们敬仰和学习。

二十九

不要再去算命了，你的命运你做主

《了凡四训》"立命之学"最后一句原文——

云谷禅师所授立命之说，乃至精至邃，至真至正之理，其熟玩而勉行之，毋自旷也。

了凡最后再次强调了命自我立的原则，再次提到了帮助自己振作起来的云谷禅师。他说，云谷禅师传授的立命之说，实在是最精、最深、最真、最正的道理，希望孩子能够熟悉领悟，还能勤勉践行，不要虚度光阴。

这句话还有一句潜台词，那就是不要再迷信算命了。

已经有了改造命运的最高心法，再迷信算命，就太对不起了凡辛辛苦苦现身说法。

中国民间有句俗话，"命越算越薄"，这话本身就是带着浓浓的迷信色彩，命薄不薄不是算命导致的，弱者需要安慰，愚者迷信算命，智者积极改变命运。

心力够强，就可以改变过去的业力结构和能量惯性在当下的运行趋势。阴阳五行的后天变量，都因这颗"心"——

心若温柔，便是上善之水，智慧慈悲之水。

心若坚强，便是锋利之金，能断金刚之金。

心若积极，便是热情之火，光明礼敬之火。

心若正直，便是仁德之木，无畏生长之木。

心若宽容，便是厚重之土，含藏万物之土。

此心光明，兼具木火土金水五行之德，既是真空（阴），也是妙有（阳），圆融无碍。这样的五行，是仁、义、礼、智、信相得益彰的五行，是福德具足、光寿无量的五行，怎么可能会有刑克冲害？所谓运用之妙，存乎一"心"。明白了阴阳五行的源头本质，明白了行为反作用力的运作机制，改造命运的核心要义就不难理解了，善用其心，努力改过，努力行善，还用算命吗？还用找那些邪知邪见之辈指引人生方向吗？

另外，现代社会最大的"神通"是什么呢？当然是口益发达的科学技术。现在无所不在的监控摄像头，好比灵敏的"天眼"，高铁、轮船、飞机和航天器好比便捷的"神足"。由于财富的原因，现在许多人有足够的条件去调动高端医疗资源，可依然阻挡不了身体健康出问题，他们可以坐飞机去世界各地寻找最好的医院和医生，在无常面前，即使有钱能通神，也一样会出现"神通不敌业力"的情况。事实上，求健康长寿不必去算命，也不必找什么奇人异士帮忙延寿，健康长寿的秘诀古人早就讲清楚了。

《黄帝内经》开篇就把健康长寿的秘诀讲完了，就几句话："法于阴阳，和于术数，饮食有节，起居有常，不妄作劳。"看似简单的道理，大部分人都做不到。既不尊重自然规律，也不懂得克制欲望，又妄想长寿健康，实在是缘木求鱼。上古之人能够健康长寿，因为"嗜欲不能劳其目，淫邪不能惑其心，愚智贤不肖，不惧于物，故合于道。所以能年皆度百岁而动作不衰者，以其德全不危也"。

了凡见过云谷禅师之后，就明白佛门不提倡算命，因为世间一切寿夭穷通自有因果，断恶修善就可以通过后天的行动来增加变量，重塑命运的格局。他希望自己的孩子也能明白：趋吉避凶的真理，既不神秘，也不复杂难懂，难的是克制自己的欲望，承认自己的不堪，改正自己的过失。通过积极的努力，任何人都可以克服困难，实现自己的梦想。每个人的命运，都在自己手中，都不是天定的，也不是哪位神祇安排的。如果说有什么可以决定命运的话，那就是因果决定命运。

种因得果——改变命运的原理，其实并不神秘。

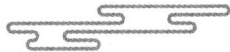

（一）

发好三种心

朝堂上的权谋角逐从未停止，一批批的高手胜出，又有一批批的潜在对手跃跃欲试。有明一朝，内阁权臣和大内太监曾经一度权倾朝野，如同走马灯一样来来往往的利益集团通过巧取豪夺的方式，侵害国家利益和民众利益。但是，所有的风光都是暂时的，许多财富还没有来得及享受，又流走了，前赴后继贪婪攫取的人们不过是做了"过路财神"。所以了凡提倡改过，也是提醒那些心存恶念的人，及时悬崖勒马，不要在错误的道路上越走越远。

为什么要强调改过？打一个通俗的比方——人有过失，或大或小，或多或少，犹如盛纳福报的功德池有了漏洞，在不停地往外漏，再多的福报，也不够漏的。改过，相当于在漏洞处打补丁，停止跑冒滴漏带来的福报损耗。

人的过失，可能不止一处，福报的漏洞也不止一处，所以古人经常反省自己的过失，纠正自己的过失，这是非常优秀的修身、养德的传统习惯，也是中华民族福报持续不断、中华文明绵延几千年的重要原因。

接着看《了凡四训》原文——

春秋诸大夫，见人言动，亿而谈其祸福，靡不验者，《左》《国》诸记可观也。大都吉凶之兆，萌乎心而动乎四体。其过于厚者常获福，过于薄者常近祸，俗眼多翳，谓有未定而不可测者。至诚合天，福之将至，观其善而必先知之矣。祸之将至，观其不善而必先知之矣。今欲获福而远祸，未论行善，先须改过。

春秋时期，在中国历史上是一个很久远的年代，那时候周天子对全国的掌控力很弱，许多地方诸侯为争夺地盘打得你死我活，后世儒家圣贤孟子说"春秋无义战"，打来打去，没有正义的战争。春秋时期生产力不发达，科技不发达，但人的头脑并不笨。那是一个出圣贤的年代，有许多了不起的人物。了凡讲，春秋时代有些官员通过别人说的话和做的动作，就能猜测出八九不离十，而能谈论此人未来的祸福，没有不得到验证的。《左传》《国语》等经典里可以看到。

了凡很渊博，熟读古书，知道春秋时代的人就能预知祸福。在这里，他所说的"预知"，指的是根据已经显现的话语和行为，进行分析判断的能力。这种能力，和前面所说的命理预测不是一回事。了凡在这里谈的预知吉凶，是已经有"预兆"的吉凶。"预兆"就是迹象，就是起因。

他说，大体上讲，吉凶的预兆萌芽在心里，四肢行为上就会有动作。非常厚道的人往往会获得好报，过于凉薄的人往往会接近灾祸。庸常之人眼光不行，他们讲的世间的事情都是不确定的、测不准的。要知道"至诚合天"，至诚状态下的智慧，观察万事万物都能找到规律。所以，幸福将要来到，观察其善言善行就必然可以预知，灾祸将要来到，观察其恶言恶行也必然可以预知。

许多人把他们对利益的高度向往视为诚意，在圣贤面前祈福许愿的时候总觉得自己诚意满满，这其实是对诚意的一种误解。这种发于内心的自私妄念，是不合天道的。所谓"至诚"，《中庸》讲至诚无息，《程氏易传》讲至诚无妄。保持长久的无妄念的状态，才是至诚。

了凡开宗明义，"今欲获福而远祸，未论行善，先须改过"。现在要想得到幸福，远离灾祸，未谈到行善之前，先要改正过错。这一篇所谈的主旨，就是改过。

1. 第一要发羞耻心，不要沦为禽兽

接着看《了凡四训》原文——

但改过者，第一，要发耻心。思古之圣贤，与我同为丈夫，彼何以百世可师？我何以一身瓦裂？耽染尘情，私行不义，谓人不知，傲然无愧，将日沦于禽兽而不自知矣。世之可羞可耻者，莫大乎此。孟子曰："耻之于人大矣。"以其得之则圣贤，失之则禽兽耳。此改过之要机也。

了凡讲，改过第一就是要发羞耻心。想想以前的圣贤们，大家都是堂堂男儿，他们为什么可以世世代代为人师表，成为别人学习的对象，而我为什么身如碎裂之瓦？一身瓦裂，比喻没用的垃圾。百世可师，出于《孟子·尽心下》："圣人，百世之师也，伯夷、柳下惠是也。"在孟子看来，伯夷、柳下惠就是堪称"百世之师"的圣人。商代的伯夷以亡国后不食新朝周粟而饿死的气节闻名，柳下惠是春秋时代鲁国的大夫，以战胜肉欲诱惑"坐怀不乱"的克制力而闻名。

　　了凡分析，耽染尘劳情欲，在私下做了坏事，还认为别人不知道，一副傲慢得意的样子，没有一点惭愧之心。这样下去必将沦为禽兽，而自己还不知道。世间可羞耻的事，没有比这更大的了！

　　儒家圣贤孟子讲过："无恻隐之心，非人也；无羞恶之心，非人也；无辞让之心，非人也；无是非之心，非人也。恻隐之心，仁之端也；羞恶之心，义之端也；辞让之心，礼之端也；是非之心，智之端也。人之有是四端也，犹其有四体也。"

　　道家经典《太上感应篇》里讲，"取非义之财者，譬如漏脯救饥，鸩酒止渴，非不暂饱，死亦及之。夫心起于善，善虽未为，而吉神已随之。或心起于恶，恶虽未为，而凶神已随之"。那些经常许愿祈福，却巧取豪夺不义之财的人，最需要涵养道德，一旦失去羞耻心，就已经不像人了。

　　没有羞耻心的典型表现有很多，比如现在某些人喜欢"碰瓷"，用讹诈的方式来获取财富，人家开着车走得好好的，他们偏偏上前制造事端，敲诈讹人，这种无赖行径就缺乏羞耻之心。又比如现在某些人当老赖欠债不还，无视别人等待的煎熬，有些企业账上有钱也拖着不给，无视别人的资金压力，本应该准时付款的，人家上门讨要也不给，像这种没有羞耻心的企业，严重影响了商业文明氛围的形成，增加了整个市场的交易成本。

往深处说，缺乏羞耻心的人，是败坏社会风气、扰乱社会秩序、违反社会公德的。

孟子作为儒家圣贤，很强调为政者的道德。有的人为什么像禽兽一样，就是因为无耻，没有羞耻心，对道德标准无感。中国历史上，一贯强调对官员们进行道德教育，让他们以爱国、爱民为荣，以危害国家、背离人民为耻，但有些官员讲得头头是道，内心深处却不以为然，好话说尽，坏事做绝。其深层原因就是失去了道德羞耻心，把权力和利益放在第一位，贪婪无度，不顾及百姓的死活。在孟子看来，这些失去羞耻心的人，他们的厨房里有肥肉，厩棚里有肥马，而老百姓面带饥色，野外有饿死的尸体，这就如同为政者率领一群野兽在吃人。这就是成语"率兽食人"的由来。

孟子说，羞耻心的问题，对于人们是最重要的了。有了羞耻心，才能成为圣贤；没有羞耻心，就会沦为禽兽。在了凡看来，这是改过的重要本意。

2. 第二要发畏惧心，不要以为藏得深

接着看《了凡四训》原文——

第二，要发畏心。天地在上，鬼神难欺，吾虽过在隐微，而天地鬼神，实鉴临之，重则降之百殃，轻则损其现福，吾何可以不惧？不惟是也。闲居之地，指视昭然，吾虽掩之甚密，文之甚巧，

而肺肝早露，终难自欺；被人觑破，不值一文矣，乌得不懔懔？不惟是也。一息尚存，弥天之恶，犹可悔改。古人有一生作恶，临死悔悟，发一善念，遂得善终者。谓一念猛厉，足以涤百年之恶也。譬如千年幽谷，一灯才照，则千年之暗俱除。故过不论久近，惟以改为贵。但尘世无常，肉身易殒，一息不属，欲改无由矣。明则千百年担负恶名，虽孝子慈孙，不能洗涤；幽则千百劫沉沦狱报，虽圣贤佛菩萨，不能援引。乌得不畏？

第二，要发畏惧心。天地在上，鬼神难欺。了凡讲，我的过错虽在隐蔽细微之处，但是天地鬼神其实像照镜子一样明了。重则降下众多灾殃，轻则折损现在的幸福。我怎么能不惧怕呢？不仅是这样，避人独居的地方，如同被用手指着看得很清楚。我虽遮掩得相当隐秘，伪装得相当巧妙，但肺肝早已露出，骗不了自己的，被人看破了，我的人格真是不值一文了，怎么能不凛然畏惧呢？

了凡这样讲，是为了强调对未知世界未知领域的敬畏，保持畏惧之心有利于道德上的自律，不是为了吓唬谁。无所顾忌、无所畏惧的人，什么事情都干得出来，什么法律、什么规则都敢践踏，这才是最可怕的。

我们犯下过错就没救了吗？了凡说，并不是这样，只要我们一息尚存，只要还活着，滔天的罪恶还是可以通过忏悔改过的。从前有人一生作恶，临死方才悔悟，发出一念善心，就能善终。为什么会这样？是因为这一念猛厉，足以涤荡百年之恶。了凡又打了个比方，譬如千年黑暗的幽谷，拿灯来一照，那千年黑暗立刻就消除了。所以，如果犯有过错，不论时间上的远近，以改为贵。用今天的计算机科学语言来打比方，一生作恶，犹如电脑程序里有病毒，病毒运行了一辈子，一念善心就能改过，好比修改了关键的程序代码，电脑病毒就被清除了，程序自然就恢复正常了。人的心念，就如同不停运作的自动程序，将"善"的逻辑换掉"恶"的逻辑，头脑里的垃圾就一键清除了，灵魂就一键净化了。所谓的修行，就是不断地清除，不断地净化。

不是所有人都能有机会一键净化的。了凡讲，世间的一切事物，都是无常的，我们的身体是容易死亡的，等到一口气喘不上来，再要想改过，就无从悔改了，将永远沉沦在"恶道"里了。

许多人随着欲望驱动的惯性往前走，甚至自嘲"该吃吃，该喝喝，阎王早晚往里拖"，他们及时行乐，多恶少善，晚年能否让往事一键清零，让灵魂一键净化呢？这个问题其实不难回答，就以常见的学习期末考试为例，平时不学习，成天贪玩，到了期末考前花一秒钟开始学习，如果一个念头就能把所有知识点和答题技巧全搞定，那就是超人，所有的问题都不在话下。一念就能往生极乐世界，这一念想来就能来？临时抱佛脚，抱得住吗？如果抱得住，那就是上等根器。如果抱不住，最好实事求是、脚踏实地。我们要认识自己，不能盲目托大，不能痴心妄想，不能自欺欺人。

了凡感慨，"明则千百年担负恶名，虽孝子慈孙，不能洗涤"。这是说在人世间，做坏事的千百年担负恶名，就算有孝子贤孙也不能洗白，比如卖国苟安、迫害忠良的南宋奸臣秦桧，怎么也洗不白。清朝有位状元郎，带着进士及第的荣耀去西湖游玩，看到秦桧夫妇跪立谢罪的塑像被人唾满污物，题写了一副名联"人自宋后羞名桧，我到坟前愧姓秦"。

3. 第三要发勇猛心，改过要趁早

接着看《了凡四训》原文——

第三，须发勇心。人不改过，多是因循退缩。吾须奋然振作，不用迟疑，不烦等待。小者如芒刺在肉，速与抉剔；大者如毒蛇啮指，速与斩除，无丝毫凝滞，此风雷之所以为益也。

具是三心，则有过斯改，如春冰遇日，何患不消乎？

了凡讲，改过第三要发勇猛心。人常不肯发心改过，多是因循退缩，得过且过。我们必须奋发振作，不用迟疑，不要等待。小的过失，如同芒刺在身，要迅速把它剔除；大的过错，如同毒蛇咬伤手指，要赶紧把手指截除（古代医疗条件较差，身边没有医生，往往只能做出这种无奈的自救行为），以免蛇毒入心，不能有丝毫的缓慢和停滞。这就是《周易》卦象"风雷益"所讲的雷厉风行容易见到效益的道理。

这段话强调的是改过要勇于改过，雷厉风行，不要拖拖拉拉耽误事。人们经常因循苟且，陷入"路径依赖"，思维和行为上，都难免有惰性。有时候即便发现自己有过错，也懒得改，行动不迅速，磨磨叽叽不爽快，就是因为缺乏勇猛之心。

精神世界的战场，才是最惊心动魄的战场。改过，就是与贪嗔痴慢等习惯做斗争，对手有强大的力量，没有勇猛之心，根本冲不过去。

"具是三心，则有过斯改，如春冰遇日，何患不消乎？"了凡总结，如能具备以上这三种心：羞耻心、畏惧心、勇猛心，有过错的就改掉，如同春天的冰遇到了太阳，没有不消融的。

道家经典《太上感应篇》里讲，"其有曾行恶事，后自改悔，诸恶莫作，众善奉行。久久必获吉庆，所谓转祸为福也。故吉人语善，视善，行善。一日有三善，三年天必降之福。凶人语恶、视恶、行恶，一日有三恶，三年天必降之祸，胡不勉而行之"。

在儒家经典《论语》里，曾子说："我每天多次反省自己：替别人做事有没有尽心竭力？和朋友交往有没有诚信？老师传授的知识有没有实践过？"（"吾日三省吾身：为人谋而不忠乎？与朋友交而不信乎？传不习乎？"）遵循先贤的榜样，中国古代的儒士有每日进行道德自省的传统。这样的传统，在袁氏家族也得到了继承和发扬。

了凡的父亲袁仁一向勇于坦承并积极修正自己的过失。《庭帏杂录》里记录了袁仁的自省场面：某日顾子声、王天宥、刘光浦来访，袁家设酒款待。刘光浦称赞袁仁"大节凛然，细行不苟"，堪称世上德行完美的君子。袁仁谦辞："岂敢当！尝自默默检点，有十过未除，正赖诸君之力，共刷除之。"王天宥问都有哪十项过失呢，袁仁盘点："外缘役役，内志悠悠，常使此日闲过，一也。闻人之过，口不敢言，而心常尤之，或遇其人，而不能救正，二也。见人之贤，岂不爱慕？思之而不能与齐，辄复放过，三也。偶有横逆，自反不切，不能感动人，四也。爱惜名节，不能包荒，五也……终日闲邪，而心不能无妄思，七也。有过辄悔，如不欲生，自谓永不复作矣，而日复一日，不觉不知，旋复忽犯，八也。布施而不能空其所有，忍辱而不能遣之于心，九也。极慕清净而不能断酒肉，十也。"顾子声听罢很是赞叹，并告诉袁仁的儿子袁裳：你们兄弟要记住父亲的话，你们的父亲自律改过的心是真实的。

了凡在栖霞寺里与云谷禅师对话里，谈到科举失败和无子的原因，他说自己不配科第成功："科第中人，类有福相，余福薄，又不能积功累行，以基厚福；兼不耐烦剧，不能容人；时或以才智盖人，直心直行，轻言妄谈。凡此皆薄福之相也，岂宜科第哉。"他说自己不配有子："地之秽者多生物，水之清者常无鱼；余好洁，宜无子者一；和气能育万物，余善怒，宜无子者二；爱为生生之本，忍为不育之根；余矜惜名节，常不能舍己救人，宜无子者三；多言耗气，宜无子者四；喜饮铄精，宜无子者五；好彻夜长坐，而不知葆元毓神，宜无子者六。其余过恶尚多，不能悉数。"能够自然而然地剖析自己，如此坦率承认自己的过失，与了凡日常修身反省养成的习惯是分不开的。

二

走好三条路

接着看《了凡四训》原文——

然人之过，有从事上改者，有从理上改者，有从心上改者，工夫不同，效验亦异。如前日杀生，今戒不杀；前日怒詈，今戒不怒，此就其事而改之者也。强制于外，其难百倍，且病根终在，东灭西生，非究竟廓然之道也。

这段话讲的是，人们的改过分几类，有从事上改，有从理上改，还有从心上改。努力程度既然不同，效果也就有别。例如以前杀生，从今以后戒掉，再不杀生；以前发怒骂人，从今以后戒掉，不发脾气了，这就是从事上而改的。强制控制外在的事相，非常困难。相当于病根还在，东边刚管住，西边又冒出来，这不是究竟彻底的解决方案。

了凡在这里举了两个例子，一个是杀生，一个是嗔怒，都是相当常见的过错，也是性质严重的过错。用现代词语解释，杀生和嗔怒，都是危害极大的负面能量，都是应该规避的过错。

善改过者，未禁其事，先明其理。如过在杀生，即思曰："上帝好生，物皆恋命，杀彼养己，岂能自安？且彼之杀也，既受屠割，复入鼎镬，种种痛苦，彻入骨髓。己之养也，珍膏罗列，食过即空，疏食菜羹，尽可充腹，何必戕彼之生，损己之福哉？"又思血气之属，皆含灵知。既有灵知，皆我一体；纵不能躬修至德，使之尊我亲我，岂可日戕物命，使之仇我憾我于无穷也？一思及此，将有对食痛心，不能下咽者矣。

如前日好怒，必思曰：人有不及，情所宜矜；悖理相干，于我何与？本无可怒者。又思天下无自是之豪杰，亦无尤人之学问；行有不得，皆己之德未修，感未至也。吾悉以自反，则谤毁之来，皆磨炼玉成之地。我将欢然受赐，何怒之有？

又闻谤而不怒，虽谗焰熏天，如举火焚空，终将自息；闻谤而怒，虽巧心力辩，如春蚕作茧，自取缠绵；怒不惟无益，且有害也。其余种种过恶，皆当据理思之。

此理既明，过将自止。

善于改过的人，必须先明白其中的道理，做恶事有哪些后果，当真明白了，自然而然就不会去做了。以杀生为例，了凡讲了几条普通人都能换位思考的基本原因：上天有好生之德，动物都爱惜生命，杀害它们的生命来滋养自己的身体，对方能心安吗？而且它被杀害，先被屠宰分割，又被扔到热锅里，种种痛苦彻入骨髓。我们为了滋养身体，种种动物罗列满席，吃完肚子里空空如也，其实蔬食菜肴也都可以填饱肚子，何必杀害它们的生命，减损自己的福报呢？再进一步想，有血气的动物都有灵知，和我们一样，都是一体的。了凡说，我虽不能亲自实践至高的品德，让这些动物对我产生尊敬和亲近之心，但怎能日日杀戮生命，使它们对我产生无穷无尽的仇恨呢？一想到这里，就会面对肉食而心痛，不能下咽了。

了凡又从理上解释为什么不该发怒。他说，自己以前是容易恼怒的，经常会这样反省：人们做事有不周到之处，在情理上应该加以理解和宽容；就算有人不讲道理来冒犯我，跟我有什么关系，没什么可生气的——用今天的话讲，怎么能拿别人的过错来惩罚自己呢？他进一步思考：天下没有自以为是的豪杰，也没有怨恨别人的学问，凡是我所不如意的，都是自己的德行修得不够，不能感动他人，这是自己要加以反省的。那么，毁谤的发生，都是对我的磨炼，都是在助我成就，我将欣然接受。能够这样想，那还有什么愤怒可发呢？

了凡进一步解释，听到别人说自己的坏话，也不愤怒，虽遇到谗言的火焰能熏到天上，也如同拿火炬燃烧虚空，结果必然是自己熄灭。若是闻谤而怒，虽竭尽奇思妙想去辩解、澄清，反而如同春蚕作茧，自取束缚，自找别扭。所以愤怒不但无益，而且还有害呢。其他种种过恶，都应该依理分析。明白了道理，自然就会改正，而且会彻底改正。

何谓从心而改？过有千端，惟心所造。吾心不动，过安从生？学者于好色、好名、好货、好怒，种种诸过，不必逐类寻求。但当一心为善，正念现前，邪念自然污染不上。如太阳当空，魍魉潜消，此精一之真传也。过由心造，亦由心改，如斩毒树，直断其根，奚必枝枝而伐，叶叶而摘哉？

大抵最上治心，当下清净；才动即觉，觉之即无。苟未能然，须明理以遣之；又未能然，须随事以禁之。以上事而兼行下功，未为失策。执下而昧上，则拙矣。

顾发愿改过，明须良朋提醒，幽须鬼神证明。一心忏悔，昼夜不懈，经一七、二七，以至一月、二月、三月，必有效验。

或觉心神恬旷；或觉智慧顿开；或处冗沓而触念皆通；或遇怨仇而回嗔作喜；或梦吐黑物；或梦往圣先贤提携接引；或梦飞步太虚；或梦幢幡宝盖，种种胜事，皆过消罪灭之象也。然不得执此自高，画而不进。

什么叫作从心上改呢？从内心深处去改。了凡讲，一切的过失，都是自心所造成的。如果自己的心不妄动，过错又从哪里发生呢？修学之人，对于好色、好名、好利、好怒，这些过失，不必逐类寻求，只要一心为善，保持正念时时现前，邪念自然污染不上了，正如太阳当空，妖魔鬼怪就潜伏消退，这是精纯专一的真谛。

了凡把佛家的"正念现前"，融会贯通为儒家的"精一之真传"。"精一"出自《尚书·大禹谟》，原文是"人心惟危，道心惟微，惟精惟一，允执厥中"。这十六个字，被视为儒家"十六字心传"。从唐朝起，历代都有学者考证，认为《尚书》并非古书，而是后人撰写的伪书。抛开真伪之辩不论，儒家"十六字心传"传统的解释也有商榷的空间，不少学者把"人心惟危"理解成人心是危险、险恶的，似乎有道理，这与荀子的"性恶论"相契，但在笔者看来，这不符合孟子的"性善论"。笔者认为，"十六字心传"前两句或许还有另一种解释，"人心惟危"的"危"是端正之意，和成语"正襟危坐"的"危"是一个意思。"十六字心传"不妨换一种理解：人心要保持端正，道心要精妙深奥，要精纯专一，保持中正之道。这样解释，也与《论语》中孔子所说的"邦有道，危言危行"的意思保持了一致。

了凡说，既然过失由心造，还须从心上去改，如同砍伐有毒的树木，必须断其树根，何必一条又一条地砍伐它的树枝，一片又一片地摘它的树叶呢？他总结：大体上，最好的办法就是治心，保持当下一念的清净。妄念一动，立即觉察，一觉察到妄念就消灭了。如果暂时做不到这样，就要反复明理来消灭过失。如果还是克制不了，那就要随事而禁止。如果用上等的修心同时兼顾理上和事上的功夫，就不算失策，如果执着于低端的事项解决而不懂上等的修心，那就是笨啊。这段话有很深的道理。《华严经·普贤行愿品》云："我昔所造诸恶业，皆由无始贪嗔痴；从身语意之所生，一切我今皆忏悔。"怎样才是彻底忏悔呢？佛门还有句名偈："罪从心起将心忏，心若灭时罪亦亡，心亡罪灭两俱空，是则名为真忏悔。"

怎么证明自己改过的效果？了凡介绍：许下愿望改正过错，看得见的地方，必须靠人品优良的朋友提醒，看不见的地方，还必须有天地鬼神的证明。一心忏悔，昼夜不懈怠，经过一个七天或两个七天，以至一月、二月、三月必有效果。见效时，有的人会感觉心旷神怡，有的人智慧顿开，有的人会在冗杂繁忙的时候从容不迫，有的人即使遇到仇人也能回嗔作喜，有的人梦到口吐黑物，有的人梦到圣贤提携接引，有的人梦见自己翱翔于浩瀚宇宙，有的人梦到自己到了极乐世界，有的人梦到幢幡、宝盖等象征吉祥的事物。以上种种，都是罪过消灭的象征。

了凡有较深的佛学修养，他强调，不论梦中有多么吉祥的事情，都不得执着于此象而自高自满，不求进步。

昔蘧伯玉当二十岁时，已觉前日之非而尽改之矣。至二十一岁，乃知前之所改，未尽也。及二十二岁，回视二十一岁，犹在梦中。岁复一岁，递递改之，行年五十，而犹知四十九年之非，古人改过之学如此。

吾辈身为凡流，过恶猬集，而回思往事，常若不见其有过者，心粗而眼翳也。然人之过恶深重者，亦有效验：或心神昏塞，转头即忘；或无事而常烦恼；或见君子而赧然相沮；或闻正论而不乐；或施惠而人反怨；或夜梦颠倒，甚则妄言失志，皆作孽之相也。苟一类此，即须奋发，舍旧图新，幸勿自误。

曾任杭州大学校长的陈立，字卓如，享年103岁。他很早以前读过了凡的书，到老还记得《了凡四训》里的许多格言和警句。1992年年底，《陈立心理科学论著选》出版，在写序言时，老先生引用了《了凡四训》："了凡说过，行年五十而知四十九年之非。"这句话，就出自《了凡四训》"改过之法"篇讲蘧伯玉的这一段。

为了这句话，陈立教授还专门查考了了凡的生平。那时他虽已是耄耋之年，但还是翻阅了许多资料。后来才知道：了凡即袁黄，浙江嘉善人，字坤仪，了凡是他的号。

了凡以春秋时期卫国贤相蘧伯玉举例，蘧伯玉品行高尚，是自律改过的典范。他一生侍奉卫国献公、殇公、灵公三代国君，主张以德治国，体恤民生，实施无为之治。由于蘧伯玉等大臣的努力，卫国虽是小国，却能在大争之世稳立中原。孔子周游列国时，曾数次投靠于蘧伯玉，看到卫国的民众安居乐业，对蘧伯玉非常钦佩。

了凡讲，从前蘧伯玉20岁的时候，已经能自觉以前的过失，而且都改掉了，到了21岁，才知道自己以前所改的，还没有完全改尽，乃至22岁，回顾21岁，还像在梦中糊里糊涂。这样，他年复一年，年年都改过，到了50岁的时候，还认为49年来有不少过失。古人把改过作为一种学问，就是这样认真去做的。

了凡总结道：我们都是凡夫，过恶像刺猬身上的刺一样多，有很多毛病。可是回思往事，往往看不到自己有过失，这是因为心粗而眼障。过恶深重的人，也是有征兆的：或者感到心神昏塞，记忆力不好，转头即忘；或无事而心常烦恼；或看见正派的人而感到羞愧，有些沮丧的情绪；或是听到正确的道理反而不高兴；或是施人恩惠却招来对方抱怨；或夜梦颠倒，甚至神昏妄语。这都是过去作恶造孽的反映。前面所讲的现象，假如有一件类似的情形发生在我们自己身上，那就要振作奋发，舍弃旧我，努力自新，不可自误！

晚清名臣曾国藩21岁时自号"涤生"，他在日记中解释："涤者，取涤其旧染之污也；生者，取明了凡之言：'从前种种，譬如昨日死；今后种种，譬如今日生。'故号涤生。"然而，人的气质、习气不是短期可以改变的，需要长年累月的功夫。30岁时他依然对自己不满，在日记中痛批自己虽改号"涤生"，却"徒有虚名，自欺欺人也"。所以他痛下决心，向了凡学习，加强了静坐养心的功夫，同时每天忏悔改过，后半生开启了新的命运轨迹，终成一代名臣。

现代社会，经常有人喜欢抱怨世风日下，与其抱怨外部的环境，还不如反省自己身上是不是也有一份共业，比如是不是爱占别人的便宜，是不是习惯刁难别人，比如那些欠钱不还的老赖，尤其是账上有钱的企业，赶紧把钱主动给付，别让要账的人一催再催，这就是积极的改过。正如古语所讲："人非圣贤，孰能无过，过而改之，善莫大焉。"人人都希望自己生活的环境能够文明、和谐、友善，每一个人都有责任共同营造文明、和谐、友善的社会环境。

一

案例指导，同时代的模范

接着看《了凡四训》原文——

《易》曰："积善之家，必有余庆。"昔颜氏将以女妻叔梁纥，而历叙其祖宗积德之长，逆知其子孙必有兴者。孔子称舜之大孝，曰："宗庙飨之，子孙保之。"皆至论也。试以往事征之。

《易经》说："积善之家，必有余庆。"从前有一个姓颜的人打算把女儿嫁给孔子的父亲叔梁纥，历数其祖宗积德之风源远流长，预料他的后人必定会有贤者给家族带来荣耀。显然，颜家太有眼光了，女儿嫁到孔家，生下一个儒圣孔子。

孔子称赞舜帝是大孝之人，说"宗庙飨之，子孙保之"。这句话出自儒家经典四书里的《中庸》。儒家的理念认为，有崇高德行的人必然会获得应有的地位，必然会获得应有的俸禄，必然会获得应有的名望，必然会获得应有的寿命。有崇高德行的人一定是受了天命的。

"余庆"的意思，是先代为后代遗留下来的福泽。同理，"余殃"就是先代为后代遗留下来的祸殃。这是儒家经典《易经》的解释。

根据道家的"承负"理论，承者为前，负者为后，前人有过失由后人承受其责，前人有负于后人则后人无辜受过。简要地说，前辈行恶，后辈受祸，同理，前辈行善，后辈得福，典型的例子就是"前人栽树，后人乘凉"。承负于先人，既是承福，也是承祸，比如前人留下很多钱财，后人继承，这是承福，但如果德不配位，这些钱财可能就会招来祸患，这种情况下承福等于承祸。

道家经典《老子》里说"天道无亲，常与善人""天网恢恢，疏而不漏"，与佛家所讲的"善有善报，恶有恶报"是相通的。儒家经典也有关于善恶的相关表述，《春秋·曾子》里说："人为善，福虽未至，祸已远离；人为恶，祸虽未至，福已远离；行善之人，如春园之草，不见其长，日有所增；作恶之人，如磨刀之石，不见其损，日有所亏。"这些传世经典中的道理，千百年来，指导着中华民族向上向善，培育了"温良恭俭让"的优秀民族品格。

光讲道理太枯燥，还得讲故事。在《积善之方》这一篇章里，了凡先举了孔子和古代贤君大舜的案例，但这些事情离自己太久远了，他要多讲一些同时代的故事，便于让身边的人接受、理解。此外，举身边的例子，大家都知道，即使不知道，也不难打听，可信度高更易产生共鸣。

杨少师荣，建宁人。世以济渡为生，久雨溪涨，横流冲毁民居，溺死者顺流而下，他舟皆捞取货物，独少师曾祖及祖惟救人，而货物一无所取，乡人嗤其愚。逮少师父生，家渐裕，有神人化为道者，语之曰："汝祖父有阴功，子孙当贵显，宜葬某地。"遂依其所指而窆之，即今白兔坟也。后生少师，弱冠登第，位至三公，加曾祖、祖、父，如其官。子孙贵盛，至今尚多贤者。

杨荣，是福建建宁（今福建建瓯）人，称少师的官职为名号，是古人习惯的尊称。杨荣是明初著名政治家、文学家、内阁首辅。其家族世代以摆渡为生。有一次，久雨之后，溪里的水泛涨起来，洪水冲毁百姓的房屋，淹死的人顺流而下。其他摇船摆渡者，都乘机捞取财物，只有杨荣的曾祖父和祖父只是救人，不去捞取一件财物，大家都嘲笑他们愚蠢，有便宜不去占。等到杨荣的父亲出生以后，家里的经济情况逐渐宽裕，有神人化身道士，对他讲，你的爷爷和父亲有不广为人知的阴德，子孙当有富贵荣耀，应该葬在某地。了凡讲，杨荣的父亲就依照神人的指点，安葬家人，就是今天的"白兔坟"。兔子是繁殖非常快的动物，在传统文化里有多子多福的寓意。后来杨荣出生，年纪轻轻就中了进士，官职做到三公的尊位，他的曾祖父、祖父和父亲也被追赠官位。杨荣的子孙昌盛，到了凡的时代还有许多贵人和贤者。

了凡举的第一个例子，就是本朝政坛大佬杨荣。建文二年（1400），杨荣于礼部会试中第三，殿试中二甲第二名，赐进士出身，授翰林编修。建文四年（1402），燕王朱棣入主南京时，杨荣迎在朱棣马前，进言道："殿下是先拜谒太祖（朱元璋）陵呢，还是先即位？"朱棣是以"清君侧"的名义杀到南京的，先去拜太祖陵，再登基，就有了名义上的合法性。他听从了杨荣的提醒，马上驱驾拜谒太祖陵。杨荣从此受到朱棣重用。朱棣去世后，杨荣帮助明仁宗朱高炽顺利即位，被拜为太子少傅、谨身殿大学士兼工部尚书。此后杨荣随从明宣宗朱瞻基平定朱高煦叛乱。明英宗即位后，杨荣晋升为少师，病逝后获赠光禄大夫、左柱国、太师。在明代，地位尊贵的官职身份有"三公"——太师、太傅、太保，都是正一品，也有"三孤"——少师、少傅、少保，都是从一品。三公三孤的人数不固定，是体现皇恩的虚衔。杨荣生前位列少师，死后追赠太师。

或许也会有人会产生疑惑，杨荣和他的子孙们享受荣华富贵，福都让他们享了，那些行善积德的祖宗们呢？做了那么多好事，不还是摆渡为生的艄公，一辈子不是很辛苦，净让后人赚好了？按照佛教的解释，他们行善做好事，本身就能享受到行善带来的快乐。

当然，有人会故作超脱，潇洒地讲，人死如灯灭，后世子孙发达不发达，有什么荣华富贵，前人也沾不了光，所谓的光宗耀祖对死去的祖宗们有什么帮助？他们都已经死了，感受不到什么荣誉感了。这是典型的孤立、静止、片面地看待问题，看不到事物之间的关联，就说这种关联不存在。

中华民族几千年来的传统里，有优秀的祭祀文化，每年清明节，人们会去祭祀去世的亲人，遇到其他一些重要的日子，后人也会专门祭祀祖先。学者们常讲，礼俗文化充分体现了中华民族礼敬祖先、慎终追远的人文精神，这话当然是对的，类似的意义可以写出长篇大论，但都讲的是现世的价值与利益，对已经死去的人有什么意义和作用呢？

祭祀逝者在中国有着悠久的传统。《诗经》里收录西周初期至春秋中叶间的诗歌305篇，其中就有大量祭祀祖先的诗歌。

人们祭祀祖先时的庄严恭敬，会产生一种相对集中的、强大的精神能量。这种祭祀文化，本身也是一种感恩文化，后辈有感恩之心，对自己而言是一种道德滋养。

正因为意念有着不可思议的力量，有着不可思议的作用力和反作用力，中华传统儒释道三大文化体系，都强调正心诚意，不要妄动意念，除了保养精神、防止能量消耗之外，也有防止欲望加持下的意念会带来负面的连锁反应。所以道家的经典里明确强调，不仅是人做坏事会得到惩罚，哪怕是动了恶念，都要承受恶果，比如削掉已有的福禄等。佛家经典也强调"善护念""因无所住而生其心"，只有破除对五欲六尘的执着，才能彻底地断除恶念。

举完杨家这个例子，后面的案例都可以触类旁通。

鄞人杨自惩，初为县吏，存心仁厚，守法公平。时县宰严肃，偶挞一囚，血流满前，而怒犹未息，杨跪而宽解之。宰曰："怎奈此人越法悖理，不由人不怒。"

自惩叩首曰："上失其道，民散久矣，如得其情，哀矜勿喜。喜且不可，而况怒乎？"宰为之霁颜。

家甚贫，馈遗一无所取，遇囚人乏粮，常多方以济之。一日，有新囚数人待哺，家又缺米。给囚则家人无食；自顾则囚人堪悯。与其妇商之。

妇曰："囚从何来？"

曰："自杭而来。沿路忍饥，菜色可掬。"

因撤己之米，煮粥以食囚。后生二子，长曰守陈，次曰守址，为南北吏部侍郎；长孙为刑部侍郎；次孙为四川廉宪，又俱为名臣。今楚亭德政，亦其裔也。

鄞县（今浙江宁波）杨自惩，早年在县衙做不入流的小吏，他存心诚厚，守法公平。那时的一个知县办事很严厉，有一回惩罚一个囚犯，把他打得血流满地。可是那知县余怒未息。杨自惩上前下跪耐心劝解，使他平息怒气，不要鞭打囚犯。知县说："怎奈此人违法悖理，不由得人不生气。"如此看来，知县打囚犯是有原因的，实在是出于正义而愤怒，因为囚犯太不像话了。

杨自惩说，在上位的人丧失了正道，民心离散已经很久了。如果审案时审出真情，就应该悲哀怜悯，而不要沾沾自喜。杨自惩虽是小吏，但饱读圣贤之书，他这番话出自《论语》，是孔门弟子曾参教导当上典狱官的学生时所说的，"上失其道，民散久矣。如得其情，则哀矜而勿喜"。杨自惩引用这句名言，接下来又对他说了一句："喜都不应该，何况是发怒呢？"一介小吏，居然敢这么顶撞知县大人，而且也不是自己家的人，为一个不相识的犯人出头？简直是拿自己的前程冒险。知县大人如果发怒，真没他的好果子吃。杨自惩的正直与勇气，也从这件事上可见一斑。

知县也是读书人出身，自然熟读《论语》，马上就回过神了，不再愤怒。可见，这知县也不错，有心胸，闻过则改。

在放宽刑罚这件事上，了凡和杨自惩有相同的主张。他对杨自惩的做法应该是高度激赏的，所以就以其故事举例。

杨自惩家里很穷，别人送他的物品，他一概都不接受，遇着犯人缺少粮食，经常设法替他们解决。有一天来了新的犯人数名，饿着没有饭吃，可是他自己家里也缺粮。眼看囚犯们饿得很可怜，杨自惩就和妻子商量。妻子问："囚犯从哪里来的？"杨自惩说："他们从杭州来，一路上忍着饥饿，脸色都饿得发青了。"妻子听了也很同情，因此，取了自己准备煮的米，拿来煮粥给囚犯们吃。做成稀粥，或许吃不饱，但大家都能吃一点，不至于饿着。

后来杨自惩生了两个儿子，长子名叫守陈（明景泰二年进士），次子名叫守址（明成化十四年进士），做官一直做到了南北吏部侍郎（正三品，在吏部的地位仅次于吏部尚书）。长孙杨茂元做了刑部侍郎，次孙杨茂仁做了四川按察使。他们又都是当朝的名臣。跟了凡同时代的杨德政（字公亮，又字叔向、楚亭，明万历五年进士），也是杨自惩的后代，官至福建按察使。

昔正统间，邓茂七倡乱于福建，士民从贼者甚众。朝廷起鄞县张都宪楷南征，以计擒贼，后委布政司谢都事，搜杀东路贼党。谢求贼中党附册籍，凡不附贼者，密授以白布小旗，约兵至日，插旗门首，戒军兵无妄杀，全活万人。后谢之子迁，中状元，为宰辅；孙丕，复中探花。

明英宗正统年间，邓茂七在福建一带造反。读书人和老百姓跟随造反的不少。皇帝派出曾经担任都御史的鄞县人张楷，南下征剿。张楷用计谋平叛，又委派福建布政司都事谢恩去搜捕擒杀造反余党。

邓茂七之乱，实属佃农起义。邓茂七原名邓云，江西佃农出身，因杀死恶霸地主，逃到福建，化名邓茂七。不堪地主盘剥和官府横征暴敛，邓茂七率领佃农抗租，在沙县陈山寨建立政权，自号"铲平王"，宣布要铲平天下的不平。明英宗朱祁镇宠信太监王振，把整个国家祸害得乌烟瘴气。到正统十二年（1447），福建各级地方官吏"买官"的竟占约三分之二。吏部尚书王直在奏章里痛陈："今闽粤各省，官吏多非正途所出，反尽是捐纳（买官）之徒，其为官一任祸害一方，民苦苛政久矣。"福建左布政使宋彰就是靠贿赂王振上台，"浸鱼贪恶，民不能堪"（《明史·卷一百六十五·丁瑄传》）。

在邓茂七起义之前，福建矿工就已经发动起义，叶宗留自立为王，吸引流民加入，起义队伍达五万之众。邓茂七宣布起义后，附近各县贫苦农民纷纷响应，起义队伍发展到十几万人。1449年年初，明军的京营和蒙古骑兵陆续进入东南战场，才将起义军陆续镇压下去。邓茂七死后半年，蒙古人在土木堡俘虏了行事荒唐的明英宗朱祁镇。

福建布政司都事谢恩收集跟随邓茂七造反者的名册，凡不在名册上的人就暗中给一面小白旗，要他们在官兵搜查反贼时把小白旗插在家门口，并且禁止官兵乱杀人，就这样保全了一万多人的性命。后来谢恩的儿子谢迁，成化十一年（1475）中状元，官至宰相，孙子谢丕，也中了探花。

谢迁为人正直，历经成化、弘治、正德、嘉靖四朝，政绩卓著，与李东阳、刘健并称"天下三贤相"，时人称"李公谋（李东阳的谋略），刘公断（刘健的当机立断），谢公尤侃侃（谢迁的能言善辩）"。

莆田林氏，先世有老母好善，常作粉团施人，求取即与之，无倦色。一仙化为道人，每旦索食六七团。母日日与之，终三年如一日，乃知其诚也。因谓之曰："吾食汝三年粉团，何以报汝？府后有一地，葬之，子孙官爵，有一升麻子之数。"

其子依所点葬之，初世即有九人登第，累代簪缨甚盛，福建有"无林不开榜"之谣。

福建省莆田县的林家，上辈中有一位老太太乐善好施，经常做粉团给穷人吃。只要有人向她要，她就立刻给，而且毫不厌烦。有位仙人变成道士，每天早晨向她讨六七个粉团。老太太每次都给他，一连三年，天天如此。仙人晓得她做善事的诚心，就跟她说："我吃了你三年的粉团，无以为报，不过你家后面有一块宝地，若是你死后葬在这块地上，将来子孙有官爵的，就会像一升麻子那样多。"老太太去世后，她的儿子依照仙人的指示，把老太太安葬下去。光林家子孙第一代就有9人科甲登第。后来世世代代，做大官的人非常多。因此福建省竟有"无林不开榜，开榜必有林"的民谣，意思是林家参加科举的人很多，发榜时榜上不会没有姓林的人。

林家是因为有了好风水，才子孙兴旺吗？如果这样认为，那就颠倒了事实真相。最好的风水，其实就是人心。林老太太的善心善行，积累了大福报。如果真有什么福地，也是她这样的福德深厚之人才能享有。正所谓"福地福人居，福人居福地"。

曾国藩的外孙、著名实业家聂云台在《保富法》一书里讲述了宋代名臣范仲淹让出风水宝地的故事。宋朝的范文正公（范仲淹），在做穷秀才的时候，心中就念念不忘救济众人。后来做了宰相，便把俸禄全部拿出来购置义田，赡养一族的贫寒。他先买了苏州的南园作为住宅，后来听见人说："此屋风水极好，后代会出公卿。"他想，这屋子既然会兴发显贵，不如当作学堂，使苏州人的子弟，在此中受教育，那么多数人都兴发显贵，就更好了。所以就立刻将房子捐出来，作为学宫。他的儿子们曾经请他在京里购买园宅一所，以便退休养老时娱乐，他却说："京中各大官家中的园林甚多，而园主人自己又不能时常地游园，那么谁还会不准我游呢！何必自己要有花园，才能享乐呢？"范先生的几位公子，平日在家，都是穿着朴素衣服。范公出将入相几十年，所得的俸钱，也都做了布施救济之用，所以家用极为节俭，死的时候，连丧葬费都不够。四个儿子都做了公卿，而且能继承父亲的遗志，舍财救济众人。所以，范家的曾孙辈也极为发达，传到了数十代的子孙，直到现在，苏州的范坟一带，仍然有多数范氏的后人，并且还时常出优秀的人才。世人若是想替子孙打算，就请按照范文正公的存心行事，才是最好的方法。

冯琢庵太史之父，为邑庠生。隆冬早起赴学，路遇一人，倒卧雪中，扪之，半僵矣。遂解己绵裘衣之，且扶归救苏。梦神告之曰："汝救人一命，出至诚心，吾遣韩琦为汝子。"及生琢庵，遂名琦。

冯琢庵的父亲冯子履在县学里做秀才时，某日寒冬早起去县学，路上碰到一个人倒卧雪地里，一摸，冻僵了，半死的人了。冯老先生马上脱下皮袄替他穿上，并扶他到家里救醒了他。有一天晚上他梦见一位天神告诉他："你救人一命，出于至诚之心，所以我要派韩琦投生到你家，做你的儿子。"韩琦是北宋著名的贤臣。后来冯子履有了儿子琢庵，就起名为"冯琦"。

冯琦（1558—1603），字用韫，号琢庵，籍贯青州临朐。明万历五年（1577）进士，历任翰林院编修、侍讲，礼部右侍郎、礼部尚书等职。明清两朝，修史之事由翰林院负责，因此又称翰林为太史。冯琦有匡世济民的思想和敢于针砭时弊的精神，46岁病逝，朝廷追赠太子少保，天启初年谥号"文敏"。

临朐冯氏家族文人辈出，曾连续七代人中进士，有八人在正史中有传。曾任刑部尚书的清代学者王士禛说："二百年来，海岱间推学者，必首临朐冯氏。"

冯琦的曾祖父名叫冯裕，正德三年（1508）进士，官至贵州按察司副使。旧志称其"官抗直，有裁断"，是一位清廉正直的官员。后人所撰《冯氏家传》中记载了冯裕的一句话："希宠者负君，媚人者负己，谋身者负人，平生盖三无负矣。"这句话，可视为冯裕的立身准则。

冯裕有五子，其中一子早夭，另四子才华出众，有"临朐四冯"之誉，嘉靖十七年（1538），冯裕的儿子冯惟重与冯惟讷同年中进士。冯惟重任随侍皇帝、捧节奉使的"行人"之职，陪同皇帝"南巡"，奉命告祭湖湘，在路上中暑，生发背疽，坚持工作，病故时任职才一年。

冯惟重去世的时候，儿子冯子履出生方百日，他就是了凡所写的在隆冬雪地里拯救倒卧的义人。冯子履隆庆二年（1568）中进士，授直隶固安知县，任内兴修文庙，剿灭盗匪，入祀当地名宦祠。他和了凡一样是优秀的知县，又以优异的才能被提拔为兵部主事。万历二十一年（1593），冯子履调任河南参政，当时他的儿子冯琦已升任侍读学士，冯子履怕父子同时为官，过为显赫，便辞官告归。

冯琦官至礼部尚书，与堂弟冯瑗助立太子，彰显精忠报国之心。万历年间的立储之争由来已久，从万历十四年（1586）群臣上书请立太子，到万历二十九年（1601），朱常洛才被正式册立为东宫太子，万历皇帝与大臣僵持了十五年。万历二十一年（1593）正月，为了让朱常洛尽快被立为太子，内阁首辅王锡爵密请皇帝早做决定，万历却提出长子朱常洛和另外两位皇子先一起封王。王锡爵顺从万历皇帝的意见拟旨，史称"三王并封"，遭到群臣误解和批判。当时正值大明王朝援朝抗倭期间，作为主战派的王锡爵不宜与皇帝发生激烈冲突，只能顺从皇帝以待徐徐图之。这段时间王锡爵在写给门生了凡的信中既提到朝鲜战事，也提到了朝内册立一事的纷争，"适与经略书，欲暂留公白衣挥尘谈兵，不识肯否？册立一事已被诸公搅烂如糟……"冯琦也是当时的主战派，同样主张拥立朱常洛为太子。王锡爵想推荐冯琦入阁，被权臣沈一贯以年纪太轻为由阻挡。冯琦后来还有两次被人推荐入阁的机会，都因沈一贯作梗阻拦。

万历皇帝不喜欢长子朱常洛，青睐郑贵妃所生的朱常洵，李太后过问立储之事时问儿子为何不立长子，万历皇帝说长子是宫女所生，李太后怒斥，说皇帝你也是宫女生的。原来李太后当年也是宫女出身，生下儿子之后才升为王妃，万历皇帝被自己的母后呵斥之后当场就跪下了。王锡爵得知此事，便抓住时机对万历皇帝进言："皇长子已13岁了，从古至今，哪有13岁还不读书的道理，何况是皇子！"终于迫使皇帝于万历二十二年（1594）让皇长子出阁读书。朱常洛出阁读书之后，朝臣连连奏请册立太子、冠婚，万历皇帝一再拖延。经阁臣们的不懈努力，万历二十九年（1601）皇帝终于下诏册立朱常洛为东宫太子，眼看册立大典将至，中官太监等掌司却以"供费不给"为由拖延。时任礼部尚书的冯琦担心生变，恰好堂弟冯瑗以开原兵备道之职率兵押运饷银出京，冯琦立刻追上堂弟，将军饷紧急借用。万历二十九年（1601）十月，冯琦主持册立太子大典，随即又主持了福王朱常洵的封典。十一月，主持太子冠礼。十二月，主持万历皇帝生母慈圣宣文明肃皇太后加"贞寿端献"徽号大典。万历三十年（1602）正月，又主持了皇太子结婚大典。

万历三十一年（1603）三月初三，积劳成疾的冯琦，病逝于京师任上，年仅46岁。临死前不久，冯琦赋诗一首："浩渺天风驾海涛，三千度索向仙桃。翩翩一鹤青冥去，已隔红尘万仞高。"

万历四十八年（1620）七月廿一日朱翊钧驾崩，成为明代在位时间最长的皇帝。同年八月初一朱常洛即位，但他只做了29天皇帝就去世了，成为明朝在位时间最短的皇帝。九月初六，其子朱由校继位。明熹宗朱由校继位后，常常追念冯琦的功绩，六次派人到山东青州立碑祭祀，赠官太子少保，谥号"文敏"，并追封入阁，于是有了"死后入阁，冯琦一人"的说法。

了凡《祈嗣真诠》出版于万历十八年（1590），撰写的时间应该在儿子袁俨出生时的万历九年（1581）至万历十八年（1590）之间，写到冯子履雪地救人的故事时，冯琦已中进士，正少年得志，连张居正都夸冯琦是"国器"。了凡中进士那年，王锡爵是会试的主考官，冯琦是会试的同考官。关于韩琦转世的故事，应该是冯琦的父亲冯子履自己讲出来的，他做的梦，自己不讲别人不可能知道。冯子履也是进士出身的正人君子，以他的身份，不会乱编一段不存在的梦话。

梦里发生的事情，是不是真的可信，倒不必细究。唐代大诗人白居易曾有诗云："须知诸相皆非相，若住无余却有余。言下忘言一时了，梦中说梦两重虚。"北宋韩琦和明代冯琦都是20岁中进士，都做到了尚书这样的朝廷重要职位，都是为官清廉，都为国家政治做出重大贡献。这些倒也挺巧合。

台州应尚书，壮年习业于山中。夜鬼啸集，往往惊人，公不惧也。一夕闻鬼云："某妇以夫久客不归，翁姑逼其嫁人。明夜当缢死于此，吾得代矣。"公潜卖田，得银四两。即伪作其夫之书，寄银还家。其父母见书，以手迹不类，疑之。

既而曰："书可假，银不可假，想儿无恙。"妇遂不嫁。其子后归，夫妇相保如初。

公又闻鬼语曰："我当得代，奈此秀才坏吾事。"

旁一鬼曰："尔何不祸之？"

曰："上帝以此人心好，命作阴德尚书矣，吾何得而祸之？"

应公因此益自努励，善日加修，德日加厚。遇岁饥，辄捐谷以赈之；遇亲戚有急，辄委曲维持；遇有横逆，辄反躬自责，怡然顺受。子孙登科第者，今累累也。

故事是这样的：浙江台州应尚书（应大猷，嘉靖三十一年任刑部尚书），壮年时在山中读书，晚上，鬼常聚在一起吼叫，很是瘆人，但应公不怕。有一夜，应公听到一个鬼说："有一妇人，丈夫出远门好久没回来，公公和小姑认定她丈夫已死，逼妇人改嫁。妇人要守节不肯改嫁，准备明晚在这里上吊。真开心，我终于可以找到替身重新投胎了。"

应公听到鬼说要找替身的这些话，就暗中把自己的田地卖掉，得到四两银子，并以妇人丈夫的名义写信，随信附上银子。那人的父母收到之后说："信可能是假的，但是银子假不了！儿子一定安然无恙。"所以他们就不再逼媳妇改嫁。后来这家儿子真的回来了，一对夫妇得以保全。

应公又听到那个鬼说："我本来可以找到替身的，可惜这个秀才坏了我的好事。"旁边一个鬼搭话怂恿说："你为什么不去害死他？"那个鬼说："天帝因为这个人心好，已经因其阴德要安排他做尚书了，我怎么害得了他？"

听了两个鬼所说的话，应公就更加努力，日行一善，德增一分。碰到荒年时，就捐米谷赈济穷人；碰到亲戚有急难，也想尽办法助其维持局面；碰到不如意的事，就反躬自省，心平气和地接受事实。由于应公有这样的善行功德，所以他的子孙得到功名官位的，到现在已经有很多了。

据史料记载，应大猷（1487—1581），字邦升，号容庵，浙江台州仙居县下各村人，从小出生在积德行善之家。他出生那年，外公王存忠中进士，王存忠是仙居县有名的清廉御史，也是有名的风水大师。应大猷10岁时，父亲迁移祖坟，看中一处地方，经外公王存忠鉴定，确为风水宝地，但面积不大，只能容纳一房的祖先安葬。父亲本想将应大猷的爷爷坟墓迁过来，应大猷提议，将应氏家族各房的首祖迁葬于此，以便惠及全村的族人。父母和外公采纳了他的意见，外公由此对应大猷格外看重，带他在身边朝夕教导。应大猷自小跟着外公读书，亲历外公当监察御史和镇江知府，体悟了做人、做事、做官的道理。王存忠教诫应大猷两句话："先学做人再做官；做官清不清，百姓有杆秤。"正德九年（1514）应大猷中进士，任南京刑部主事。因平定宁王朱宸濠于正德十四年（1519）六月起兵争夺皇位的叛乱事件立功，升任到兵部职方司，很快又任吏部稽勋司郎中。他继承了外公为官清廉的家风，"谢苞苴，杜请托"，同时乐善好施，"士有片善，急为揄扬；家有余资，乐于赈施"。正德皇帝荒淫无道，刚刚平定宁王之乱就想大兴土木给自己修建皇陵，应大猷上书劝谏，皇帝年轻，国力尚薄，"勿为扰民"，由此惹怒皇帝，险遭下狱。正德皇帝想到江南游玩，应大猷再次进言劝谏，惹怒皇帝，幸亏大学士梁文康周旋方得免于难，皇帝下旨"再言之，极刑"。正德十四年（1519）八月下旬，皇帝带领大队人马巡游江南，在镇江乘舟捕鱼游玩时落水，呛水入肺感染肺炎，第二年驾崩。

嘉靖六年（1527），应大猷出任广东参政，后擢云南右布政使。嘉靖二十三年（1544），任广东左布政使，后又在云南、广东任巡抚，两地盛产明珠、象牙、犀角等珍宝，应大猷从不染指。每次卸任，"官行一担书，民送两行泪"。不久任副都御史，巡抚四川、山东，嘉靖二十九年任吏部右侍郎。在吏部右侍郎任上，应大猷坚持官员选拔阳光透明，抵制了严嵩一党任人唯亲的暗箱操作，为朝廷选拔了不少有用之才。嘉靖三十一年（1552）十一月，应大猷任刑部尚书，任内持法平恕，平反诏狱。他经常向皇帝进言，有人劝应大猷小心得罪朝廷，他说："吾为命官，只知守三尺法耳，不知其他！"权相严嵩专权，户部郎中孙绘被谗言诬告下狱，应大猷曾尽力申诉营救，为此遭到严嵩儿子严世蕃的诬陷，嘉靖四十年（1561）被迫告老还乡。从官场退休之后，应大猷为培养家乡人才而讲学不倦。他闲时潜心易学，著有《周易传义存疑》一卷。

除了在官场上的卓越表现，应大猷还注重修身养性，他倡导诚信、仁爱，注重家庭和睦，尊老爱幼。他的品德和行为，成为当时社会的楷模。在明朝那个变革的时代背景下，应大猷凭借自己的才华和努力，实现了从一名普通学子到刑部尚书的华丽转身。他的一生，既是个人奋斗的缩影，也是明朝时期社会变革的一个生动写照。

应大猷后代人丁兴旺。他的家族中，明代出进士五人，十多人入仕为官，并且大部分为省部府级官员，均未遭遇重大冤情灾祸，仕途通达。这与应大猷传下的廉洁自律的家风不无关系。应大猷本人活了95岁，尽享天年而善终，算是福禄寿齐全。《光绪仙居县志》对他高度评价："应容庵（大猷）兄弟父子祖孙连登进士，耄期之年，好学不厌，而贵男多寿，天之所以报之者亦厚矣！"

常熟徐凤竹栻，其父素富，偶遇年荒，先捐租以为同邑之倡，又分谷以赈贫乏，夜闻鬼唱于门曰："千不诓，万不诓，徐家秀才，做到了举人郎。"相续而呼，连夜不断。是岁，凤竹果举于乡，其父因而益积德，孳孳不怠，修桥修路，斋僧接众，凡有利益，无不尽心。后又闻鬼唱于门曰："千不诓，万不诓，徐家举人，直做到都堂。"凤竹官终两浙巡抚。

江苏省常熟县有一位徐凤竹先生，他的父亲很富有，碰到荒年，就先把自家应收的田租完全免去，为全县做榜样，还捐出自家稻谷赈济穷人。有一天夜里，他听到鬼在门口唱歌："千不诳，万不诳，徐家秀才，做到了举人郎。"那些鬼连续不断呼叫，夜夜不停。这一年，徐凤竹去参加乡试，果然考中了举人。他的父亲因此更加努力行善积德。孜孜不倦地修桥铺路，施斋饭供养出家僧人，接济贫苦大众。凡是对别人有好处的事情，无不尽心尽力去做。后来他又听到鬼在门口唱："千不诳，万不诳，徐家举人，直做到都堂。"后来徐凤竹果然当了两浙巡抚。在明代，都察院长官都御史、副都御史、佥都御史，一般被称作"都堂"。派遣到外省的总督、巡抚，都带有都察院御史衔，也称"都堂"。

了凡这里提到的徐凤竹，名徐栻，字世寅，号凤竹，嘉靖二十六年（1547）进士，与他同科的进士有许多重臣，状元是李春芳，后面还有张居正、杨继盛、徐光启、殷士儋、汪道昆、王世贞、陆光祖、殷正茂……大咖云集，被誉为人才大爆炸的一届科考，直追群星璀璨的宋仁宗嘉祐二年（1057）科考。据《明外史·徐栻传》记载，他中进士后出任宜春知县，遇到权相严嵩老家的人在当地横行霸道，他不畏权贵，将这些违法的豪横之辈"缚而笞之"。徐栻是依法办事，替严嵩教训，严嵩也无可奈何。当年海瑞惩治上司胡宗宪的儿子也是如此，之后给胡宗宪写信先夸对方要求各州县厉行节约，又说有人冒充总督大人的儿子招摇撞骗，还嫌驿站招待不周殴打服务人员，所以他出手替胡总督教训这个假儿子。打了领导的儿子，还维护了领导的面子，胡宗宪也只能苦笑一番，回头又狠狠地收拾了自己的儿子。不畏权贵的海瑞最想去内阁首辅严嵩的老家做知县，如果能朝着奸相的老窝一顿猛抄，当属人生一大快事。徐栻在江西为官，捉到严嵩家里的不法分子狠狠收拾，尚未中举的海瑞若能得知，应会深深羡慕、遥遥点赞。

徐栻为官清廉，政绩优异，考核最佳，官升南京御史。他上疏提交军事方面的建议，批评了严嵩的亲信赵文华，进一步得罪了权倾朝野的奸相。严嵩以京察为契机，找借口将徐栻贬到浙江任布政司都事，但这并没有阻止徐栻的仕途发展。徐栻后来又升任山东右布政使。隆庆五年（1571），擢右副都御史，巡抚江西。万历初年，进南京工部侍郎，很快又改任兵部侍郎，巡抚浙江。万历六年（1578）入朝任刑部左侍郎，很快又升任南京工部尚书，达到了他仕途的巅峰。然而，在这个职位上，他因为与内阁张居正发生矛盾，最后被罢免归乡。

徐栻那位尽心行善的父亲，名叫徐天民，字觉甫，号思隐，父因子贵，追赠都察院右佥都御史。

嘉兴屠康僖公，初为刑部主事，宿狱中，细询诸囚情状，得无辜者若干人，公不自以为功，密疏其事，以白堂官。后朝审，堂官摘其语，以讯诸囚，无不服者，释冤抑十余人。一时辇下咸颂尚书之明。

公复禀曰："辇毂之下，尚多冤民，四海之广，兆民之众，岂无枉者？宜五年差一减刑官，核实而平反之。"

尚书为奏，允其议。时公亦差减刑之列，梦一神告之曰："汝命无子，今减刑之议，深合天心，上帝赐汝三子，皆衣紫腰金。"是夕夫人有娠，后生应埙、应坤、应埈，皆显官。

浙江嘉兴籍的屠勋（官至刑部尚书，谥号"康僖"），起初在刑部里做主事，夜里就住在监狱里，经常仔细询问每个囚犯的情况，结果发现被冤枉的有不少人。但是屠公并不觉得自己有功劳，只是秘密地把他们的冤情上报刑部堂官。后来秋审提堂时，刑部堂官根据屠公所提供的材料，审讯这些囚犯，没有不心服的，释放了十几个被冤枉的人，一时京城百姓纷纷称赞刑部尚书明察秋毫。

此后，屠公又上公文给堂官说："在天子脚下，尚且有这么多被冤枉的人，全国这样大的地方，老百姓这么多，哪会没有被冤枉的人？所以应该每五年派出一批减刑官，到各省去核实罪案，纠正冤假错案。"尚书连连称赞，并上奏皇帝，皇帝批准了这一建议，派出减刑官到各省巡察囚犯的刑案，以平冤狱，屠公也在委派之列。

相传，有一天晚上屠公梦见天神告诉他说："你命里本来没有儿子，但是因为你提出减刑的建议，正与天意相合，所以上天就赐给你三个儿子，将来都会有高官厚禄。"这天晚上，屠公的夫人就有了身孕，后来生下了应埙、应坤、应埈三个儿子，果然都做了高官。

屠勋不仅儿子个个优秀，他还有一个孙子叫屠叔方，既是优秀的官员，也是优秀的学者。屠叔方是屠应埈的儿子，万历五年（1577）进士，后出任江西鄱阳知县。鄱阳是建文皇帝忠臣胡闰的故乡，屠叔方在那里为官，了解到当年受胡闰牵连的许多外系亲族后代过得很悲惨。万历十一年（1583），屠叔方被提拔为广东道御史，不久他上疏朝廷，请求褒扬建文帝忠臣，抚恤他们的子孙，并且赦免当年受牵连的外系亲族。明仁宗朱高炽即位后，就下令建文帝忠臣受打击的"奸恶外亲"发各处充军者，留一男丁在原地戍卫，其余放回原籍，但实际执行的情况很不理想。明神宗万历皇帝朱翊钧登基后，曾下诏令为建文忠臣建祠致祭、抚恤关照其后裔，但其恩典没有涉及当年被广泛牵连的忠臣外系亲族。屠叔方的奏疏引起万历皇帝的重视，由此掀起了明代历史上规模最大的一次赦宥建文诸臣外亲的活动，"一时蒙宥者，千有余家"。据当时的学者记载，"京师张赦榜时，忽然风发，榜飞天际，转展隐见，观者如市，自午至未仍还。故所鄱阳，张榜亦有狂风，飞榜二十刻乃还"。人们以为这种奇异现象是因为忠臣的英灵所感而致。

屠叔方是和了凡同时代的官员，任御史时以正直而闻名，因触怒当权者被外派任山东兵备副使，后来辞官，专注学术著述。屠叔方和了凡的爷爷袁祥一样，是勇于打捞历史真相的学者，著有历史专著《建文朝野汇编》。了凡作为当年政治惨案的受难家族后人，想必对屠叔方的仗义执言，会非常尊敬和感激。

嘉兴包凭，字信之。其父为池阳太守，生七子，凭最少，赘平湖袁氏，与吾父往来甚厚，博学高才，累举不第，留心二氏之学。一日东游泖湖，偶至一村寺中，见观音像，淋漓露立，即解囊中得十金，授主僧，令修屋宇，僧告以功大银少，不能竣事。复取松布四疋，检箧中衣七件与之，内纻褶，系新置，其仆请已之。

凭曰："但得圣像无恙，吾虽裸裎何伤？"

僧垂泪曰："舍银及衣布，犹非难事。只此一点心，如何易得。"

后功完，拉老父同游，宿寺中。公梦伽蓝来谢曰："汝子当享世禄矣。"后子汴、孙柽芳，皆登第，作显官。

浙江嘉兴包凭，字信之。他的父亲是池阳（今安徽池州）太守，有七个儿子。包凭最小，入赘为平湖县袁家女婿，和了凡的父亲袁仁常有来往，交情深厚。包凭学识渊博，才华横溢，但是每次考试都考不中，从此有意研究佛道两家的智慧。

有一天，包凭去东边的泖湖游玩，偶然走到一个破落的乡村佛寺，看见观世音菩萨的圣像露天而立，被雨淋湿了。当时就掏出口袋里的十两银子给寺里的住持和尚，叫他修理寺院房屋。和尚说："修寺的工程大，银子太少，不够用，没法完工。"他又拿出四匹松江出产的布料，还从竹箱里捡出七件衣服给和尚。这七件衣服里，有一件是用麻料做的新夹衣，用人要留下来，包凭说："只要观世音菩萨的圣像能够安好，不被雨淋，我就是赤身露体又有什么关系呢？"和尚听后流着眼泪说："施舍银两和衣服布匹，还不算难事，只是这一片诚心，岂是人人有的？"

后来寺院的房子修好了，包凭就拉着父亲同游这座佛寺，并且住在寺中。晚上包凭就梦见寺里的护法神前来表示感谢，还说："你的子孙可以世世代代享受俸禄了。"后来他的儿子包汴、孙子包柽芳，都中了进士，做了高官。包柽芳曾任贵州提学使、吏部郎中。

嘉善支立之父，为刑房吏，有囚无辜陷重辟，意哀之，欲求其生。因语其妻曰："支公嘉意，愧无以报，明日延之下乡，汝以身事之，彼或肯用意，则我可生也。"其妻泣而听命。及至，妻自出劝酒，具告以夫意。支不听，卒为尽力平反之。囚出狱，夫妻登门叩谢曰："公如此厚德，晚世所稀，今无子，吾有弱女，送为箕帚妾，此则礼之可通者。"支为备礼而纳之，生立，弱冠中魁，官至翰林孔目。立生高，高生禄，皆贡为学博。禄生大纶，登第。

浙江嘉善的支立的父亲在县衙的刑房当书办。有一个无辜囚犯被人陷害，判了死罪。支公可怜他，有意帮他申冤。囚犯跟妻子说："支公的好意，我们无法报答，明天请他到乡下，你就委身于他，他或许肯用心办事，那么我就有活命的机会了。"他的妻子哭着答应了。等支公到乡下，囚犯的妻子就出来劝他喝酒，并且把丈夫的意思和盘托出。支公不答应，但最后还是尽力相助，把案子平反了。囚犯出狱后，夫妻到支公家里叩头拜谢说："您这样厚德的人实在少有。现在您没有儿子，我有一个小女儿，愿意送给您做小妾。"支公就预备了礼物，把囚犯的女儿纳为妾。在古代，纳妾的主要原因，其实就是传宗接代。不久后，就生了儿子支立，支立才20岁就中了举人，后来官至翰林院的书记。支立的儿子支高，支高的儿子支禄，都被保荐做州县学里的教官，支禄生下儿子支大纶还考中了进士。

支大纶是了凡的好朋友，比了凡小一岁，万历二年（1574）进士。他和了凡同在县学读书，也一起主持过嘉善思贤书院的日常事务。他还曾和了凡一道拜王畿为师，并邀请王畿在思贤书院讲学。了凡讲了这么多善德善行的故事，最后用身边最亲近的朋友家的故事做压轴了。

支大纶身后留下一篇著名的《示儿书》，也成为家训经典："丈夫遇权门须脚硬（与权势者打交道要站得直行得正，不要腿软脚软）；在谏垣须口硬（当谏官要仗义执言）；入史局须手硬（编撰史书要秉笔直书）；值肤受之愬须心硬（切身感受到诽谤，不要心软）；浸润之谮须耳硬（暗中传播的谗言，不要轻信）。"

八条理论辨析，看你行善还是造孽

行善本是实践性很强的事情，但了凡还将其理论化，形成一门积善的学问。中医有八纲辨证，即阴、阳、表、里、寒、热、虚、实八纲。了凡也对行善进行"八纲辨证"，分真假、端正、阴阳、是非、偏正、半满、大小、难易八个方面，进行了深入的辨析。

接着看《了凡四训》原文——

凡此十条，所行不同，同归于善而已。若复精而言之，则善有真，有假；有端，有曲；有阴，有阳；有是，有非；有偏，有正；有半，有满；有大，有小；有难，有易。皆当深辨。为善而不穷理，则自谓行持，岂知造孽，枉费苦心，无益也。

了凡解释，以上所说的故事，虽然所做的事情不一样，但同样可以归于行善这一类义行。如果再精细地加以解释，那么做善事，有真，有假；有直，有曲；有阴，有阳；有对，有错；有偏，有正；有半，有满；有大，有小；有难行的，有容易的。各种不同，都应当深加辨析。如果只是在事相上行善，却不仔细去彻底推究其中的道理，那么虽然自认为精进行善，殊不知已经造了孽，白费苦心，没有利益。

1. 行善之真假：从源头辨别，看动机，看发心

因虎门销烟名垂青史的晚清重臣林则徐（1785—1850），对《了凡四训》非常推崇。早在青年时代，林公就笃信佛教，公务之余坚持每天做功课，还将佛经写在四寸见方的小本子上，便于在旅途中早晚课诵。现存真迹有其手书的《阿弥陀经》《心经》《金刚经》《往生咒》《大悲咒》，也有一些家训类经典，如《朱柏庐治家格言》，以及《了凡四训》的重要篇章，如"积善之法"篇章里这段话："昔有儒生数辈，谒中峰和尚，问曰……"

接着来看《了凡四训》原文：

何谓真假？昔有儒生数辈，谒中峰和尚，问曰："佛氏论善恶报应，如影随形。今某人善，而子孙不兴；某人恶，而家门隆盛。佛说无稽矣。"中峰云："凡情未涤，正眼未开，认善为恶，指恶为善，往往有之。不憾己之是非颠倒，而反怨天之报应有差乎？"众曰："善恶何致相反？"中峰令试言其状。一人谓："詈人殴人是恶，敬人礼人是善。"中峰云："未必然也。"一人谓："贪财妄取是恶，廉洁有守是善。"中峰云："未必然也。"众人历言其状，中峰皆谓不然。

因请问。中峰告之曰："有益于人，是善；有益于己，是恶。有益于人，则殴人詈人皆善也；有益于己，则敬人礼人皆恶也。是故人之行善，利人者公，公则为真；利己者私，私则为假。又根心者真，袭迹者假；又无为而为者真，有为而为者假。皆当自考。

什么叫作真善、假善呢？了凡举了中峰和尚开示的例子。

从前有几个读书人，一同去拜见中峰和尚。这位中峰和尚是元代高僧，有"江南古佛"之称。

读书人问他："佛家说善有善报、恶有恶报，如影随形，不会错过。现在某人行善，但他的子孙却不能发达；某人作恶，反而家道昌盛。可见佛所说的因果报应，没有根据。"

中峰和尚回答："普通人的世俗情见尚未涤荡清净，分辨正法的智慧还没有打开，就容易把善的当成恶的，把恶的当成善的，这种事情经常发生。为何不抱怨自己的是非标准颠倒了，反而埋怨上天的善恶报应有所差错呢？"

中峰和尚的回答，很直接地点中了大家产生误解的根本原因：不是善恶有报的法则有问题，是大家的认知有问题，把善恶标准搞颠倒了。中峰和尚解答世人"善有恶报"谬见的一段，乃是要紧、精彩之处，需要细品。

众人不解："我们怎么会把善恶看反呢？"中峰和尚请他们举例说说看。

有一个人讲："骂人、打人，这是恶；恭敬他人、以礼相待，这是善。"中峰和尚回答："未必是这样。"

另一个人说："贪爱钱财而不择手段，这是恶；清廉自守不贪财，这是善！"

中峰和尚还是回答说："未必是这样。"

大家都一一列举了具体的观点，中峰和尚都说未必。

众人一看自己的观点全被大师反驳了，于是虚心请教中峰和尚反驳的理由。中峰和尚告诉他们最核心的善恶原则：为了利益他人，就是善；为了利益自己，就是恶。如果对他人有益，就算打人骂人，那也都是善；若只是为了利益自己，纯粹出于自私的目的，就算是对人恭敬、以礼相待，那也都是恶。

了凡引申开来，一个人做善事，为了利益他人，就是为公，为公就是真善；如果只想利益自己，就是为私，为私便是假善。再者，发自内心去行善，就是真善；只是做做样子，就是假善。还有，不图回报而行善，是真善；为图回报而行善，是假善。这些道理，你们自己应该仔细思考。

真假之辨，了凡以中峰和尚的上述答问来举例，强调了行善的动机。从动机层面辨真假，抓住了根本问题。一个人行善的发心不同，最关键的判断之处，是看为了谁——为了自己的私利，就是恶，为了利益他人，就是善。

了凡举这个例子，就是提醒我们行善的发心有真有假，不能被外在的表面现象所蒙蔽。

林则徐作为晚清的封疆大吏，能亲手书写中峰和尚关于行善真假的这段论述，既说明他对《了凡四训》比较熟悉，也说明他一向推崇大公无私的道德追求。林则徐虎门销烟抗英有功，却遭朝廷的投降派诬陷，被道光皇帝革职，发送伊犁戍边，在西安与妻子告别时，他写下"苟利国家生死以，岂因祸福避趋之"的著名诗句。50多岁的时候，林则徐总结为人、做官、学佛的感悟，写下修身治家的著名格言"十无益"，手书之后悬挂家中："存心不善，风水无益；不孝父母，奉神无益；兄弟不和，交友无益；行止不端，读书无益；心高气傲，博学无益；做事乖张，聪明无益；不惜元气，服药无益；时运不通，妄求无益；妄取人财，布施无益；淫恶肆欲，阴骘无益。"其中，"妄取人财，布施无益"，讲的也是行善的真伪，明明是不正当手段"妄取人财"，这种财富本身来得就不干净，用这种来源不正当的钱做"布施"，就是假惺惺行善、欺世盗名而已。

了凡说，像这些道理，都需要人们认真地分辨。

2. 行善之端曲：与圣人同是非，而不与世俗同取舍

何谓端曲？今人见谨愿之士，类称为善而取之；圣人则宁取狂狷。至于谨愿之士，虽一乡皆好，而必以为德之贼。是世人之善恶，分明与圣人相反。推此一端，种种取舍，无有不谬。天地鬼神之福善祸淫，皆与圣人同是非，而不与世俗同取舍。凡欲积善，决不可徇耳目，惟从心源隐微处，默默洗涤。纯是济世之心，则为端；苟有一毫媚世之心，即为曲；纯是爱人之心，则为端；有一毫愤世之心，即为曲；纯是敬人之心，则为端；有一毫玩世之心，即为曲。皆当细辨。

行善的端曲之别是什么呢？了凡解释：如今人们看到了做事小心谨慎的"好好先生"，便称为善人而认可；圣人们宁可选择看似狂放但品性正直的人。至于看似小心谨慎的"好好先生"，虽然整个乡里的人都称赞他，但是这种人没有道德原则，缺乏道德勇气，只知道媚俗逢迎，圣人认为这种人是道德上的贼人。所以，世俗之人所认定的善恶标准，分明是和圣人相反。从这一条加以推论，世俗之人所肯定或否定的许多事情，没有一件不存在谬误。

了凡进一步分析，天地鬼神赐福于善人、加祸于恶人，是非标准都和圣人一样，而不与世俗的观念同取舍。因此，凡是想要积累善行，决不可只顺着自己眼睛所看的、耳朵所听的表面现象做判断，

必须从内心源头最隐秘、最细微的地方，默默涤荡俗情、净化心灵。纯粹抱着救世济人的心态，这就是"端"；如果有一点点讨好世俗舆论的心思，就是"曲"。纯粹是爱护世人的心，就是"端"；若有一点点憎恨厌恶社会的心，就是"曲"。纯粹从内心生起对人恭敬的心，就是"端"；有一点点玩弄、欺骗世人的心，就是"曲"。这些都应该仔细分辨。

行善"端曲"之辨，也是从发心上进行判别。"乡愿，德之贼也。"这句话出于《论语》"阳货篇"。孔子把那些没有原则的好好先生，视为"德之贼"，相比之下，他更认可行事似乎不懂圆融变通的狂狷之士。在《论语》"子路篇"，孔子讲如果找不到行中道的人在一起，那就找狂狷之士，"狂者进取，狷者有所不为"。

孔子虽然一向主张"中庸"之道，但这个"中"，是"中正、正直"，而不是骑墙、和稀泥。现实生活中确实有许多这样的人，圆滑世故，心机狡诈，说话头头是道，没有原则，没有底线，有时候还能故作真性情，特别能逢迎大众的口味。孔子特别讨厌这种人，因为他们表里不一、欺世盗名。但孔子讨厌的人，大众可能会很喜欢，会认为是孔夫子不能宽容人性。大众喜欢做道德上的妥协，不喜欢道德上的说教，甚至会以反对"道德绑架"的名义为自私懦弱的人性做开脱。所以了凡讲，"世人之善恶，分明与圣人相反"，"天地鬼神之福善祸淫，皆与圣人同是非，而不与世俗同取舍"。

"凡欲积善，决不可徇耳目，惟从心源隐微处，默默洗涤。"了凡强调积善之道，要从内心最深处不断地自我净化。带着济世爱人和尊敬之心，与带着媚世、愤世和玩世之心，是有区别的。由此，我们可以看出，端曲之别，也是纯净与污染之别。

3.行善之阴阳：享盛名而实不副者，多有奇祸

何谓阴阳？凡为善而人知之，则为阳善；为善而人不知，则为阴德。阴德，天报之；阳善，享世名。名，亦福也。名者，造物所忌。世之享盛名而实不副者，多有奇祸；人之无过咎而横被恶名者，子孙往往骤发。阴阳之际微矣哉。

行善的阴阳之别是什么呢？了凡解释，凡是行善而让别人知道，就是阳善；行善而不为人知，就是阴德。积了阴德，上天会赐福给他；至于阳善，只能享有世间的名望。名望，也是一种福报。浮名是上天所忌讳的，世上享有很大的名气但与事实不相符合的人，大多会有意想不到的灾祸；而本无过错却被强加恶名的人，他的子孙往往会突然发达起来。阴德与阳善之间的界线，实在是非常隐蔽、不易觉察。

4.行善之是非：孔子对两名弟子的一褒一贬

何谓是非？鲁国之法，鲁人有赎人臣妾于诸侯，皆受金于府，子贡赎人而不受金。孔子闻而恶之曰："赐失之矣。夫圣人举事，可以移风易俗，而教道可施于百姓，非独适己之行也。今鲁国富者寡而贫者众，受金则为不廉，何以相赎乎？自今以后，不复赎人于诸侯矣。"

子路拯人于溺，其人谢之以牛，子路受之。孔子喜曰："自今鲁国多拯人于溺矣。"自俗眼观之，子贡不受金为优，子路之受牛为

劣。孔子则取由而黜赐焉。乃知人之为善，不论现行而论流弊；不论一时而论久远；不论一身而论天下。现行虽善，而其流足以害人，则似善而实非也；现行虽不善，而其流足以济人，则非善而实是也。然此就一节论之耳，他如非义之义，非礼之礼，非信之信，非慈之慈，皆当抉择。

行善的是非之别体现在哪里？了凡以孔门弟子的故事举例：春秋时期，鲁国制定了一条法律，如果鲁国人在其他地方沦为奴隶，有愿意出钱去赎回的，就可以到国库领钱，这应该是一种奖金或者补偿金。孔子的学生子贡（姓端木，名赐，字子贡）赎了人，却不愿意去国库领钱。孔子听到这件事情之后，很不高兴地说："这件事情端木赐做错了呀！大凡圣人做事情，是为了转移风气、改变习俗，使得教化之道可以施行于百姓，并非只是为了符合自己内心的想法才做的呀！现在鲁国有钱人少而贫穷人多，如果因为这种行为，让那些去国库领钱的人被认为是贪财，以后还有谁肯出钱去赎回那些流落在外的俘虏或奴隶呢？恐怕从今以后，不会再有人愿意出钱向各诸侯国赎回鲁人了！"

子路救了一个落水的人，这人就送子路一头牛，来答谢救命之恩，子路接受了这头牛。孔子听到后很高兴地说："从今以后，鲁国一定会有更多人，愿意去救落水的人了。"

从世俗人的眼光看来，子贡不拿国库的钱，人品似乎较优，而子路接受了人家给他的牛，表面上来看不够高尚。但是孔子却称赞子路而贬斥子贡。由此可知，一个人做善事，不可只依当时的行为来判断，还要看其后续影响会不会出现沿袭的弊端；不能只看一时的影响，还要看长期的影响；不能只看个人的得失，还要看对大众的影响。眼前所做的虽然是好事，但它带来的弊端如果会害人，那么纵然看起来像是善事，但其实并不是；如果眼前所做的行为虽然不好，但它带来的后果却有益于人，那么看起来虽然不像是好事，但其实却是好事。

了凡说，这只不过是根据一个例子来探讨罢了，其他非义之义、非礼之礼、非信之信、非慈之慈，都应该以此类推，认真判断选择。

孔子对两位弟子的评价，显示出儒圣的眼光格局和圆融变通。了凡以孔子师徒的故事举例，来谈行善的是非之别，强调慈善行为要有智慧做引领，不能孤立地看待一件事情的对错。子贡看似不贪财，但流弊深远，无益于大众；子路看似爱财，却引领善行，有益于大众。了凡希望人们能够举一反三，在其他方面也能多做周全的考虑。

2024 年，南方发生雨雪灾害天气，高速公路出现大面积堵车，许多开车回家过年的人困在高速公路上饥寒交迫，附近的村民纷纷带着热水和方便食品前来救援，这时候该不该让那些手抱暖水瓶徒步赶来的人们免费做慈善呢？他们适当收些费用难道不可以吗？网络上相关的讨论沸反盈天。让人欣慰的是，多数网友都支持行善可以适当收费，许多人都像了凡一样，引用了孔子对两位弟子一褒一贬的案例。

5. 行善之偏正：一个退休高官的懊悔，一个地方士绅的出手

何谓偏正？昔吕文懿公初辞相位，归故里，海内仰之，如泰山北斗。有一乡人，醉而詈之，吕公不动，谓其仆曰："醉者勿与较

也。"闭门谢之。逾年，其人犯死刑入狱。吕公始悔之曰："使当时稍与计较，送公家责治，可以小惩而大戒。吾当时只欲存心于厚，不谓养成其恶，以至于此。"此以善心而行恶事者也。

又有以恶心而行善事者。如某家大富，值岁荒，穷民白昼抢粟于市。告之县，县不理，穷民愈肆，遂私执而困辱之，众始定。不然，几乱矣。故善者为正，恶者为偏，人皆知之。其以善心而行恶事者，正中偏也；以恶心而行善事者，偏中正也，不可不知也。

什么是行善的偏正之别呢？了凡解释：从前文懿公吕原（明朝贤臣，谥号"文懿"）刚辞去内阁高官职位回到故乡时，因为人品端正、为官清廉，所以全国百姓都非常尊敬他，就像对泰山和北斗星一样敬仰。有一个乡民在醉酒之后大骂吕公，吕公却不动怒，对家里的仆人说："这个人喝醉了，不要跟他计较。"于是就关闭家门不予理会。

过了一年，这个人犯死罪而被关进监狱，吕公这才懊悔地说："假如我当初稍微跟他计较一下，把他送到官府予以惩戒责罚，或许可以通过这种小小的惩罚，让他吸取教训，不至于再犯大的错误。我当初只想到要宽厚待人，不料却助长了他的恶习，所以才会走到现在这个地步。"这就是存着善心却变成做了恶事的例子。

又有一种是以恶心而行善的例子。了凡举了一个富豪的例子，这种人在地方属于士绅阶层。有一年碰到荒年，有穷人白天公然在大街上抢劫粮食。富人将这件事情告到县府，但是县官不理会、不作为，于是抢粮的人就更加放纵。富人迫不得已，就奋起自救，安排人手把乱民抓住关起来。那些抢劫粮食的乱民经过这种惩戒，才老实安定下来，要不然就几乎酿成社会动乱。

贫困，不是违法乱纪的理由，不是上街抢劫"零元购"的理由，一旦社会陷入大乱，法治失去秩序，人人都会沦为牺牲品。了凡讲的，就是地方士绅在极端环境下奋起自救、维护社会秩序的故事。他总结，行善是正，作恶是偏，这是每个人都知道的。至于那些本着善心却做恶事的，叫正中之偏；本着恶心反而做了善事，叫偏中之正。他说，这个道理不可以不知道。

了凡举这两个例子，一个是正中之偏，一个是偏中之正，讲的还是行善和智慧之间的关系。没有长远的智慧眼光，只从自己的角度出发，只看到眼前，就可能会让好事演变成坏事。

当然，曾经醉酒闹事的乡民后来犯法入狱，是其自作自受。这不是吕公的错，跟吕公没有关系，但吕公是君子，君子的特点就是道德自律的标准很高，能对小人提前出手管教，予以小惩大诫，却没有出手，那他觉得自己就有责任。纵容了众生的恶习，该管的时候不管，等于放弃了众生，说到底还是智慧有缺，说到底还是慈悲心不够圆满。吕公事后懊悔，就是考虑到了这一层。古人修德，真是认真，这一点值得学习。

6. 行善之半满：吕洞宾一句话就积攒了三千善事的功德

何谓半满？《易》曰："善不积，不足以成名；恶不积，不足以灭身。"《书》曰："商罪贯盈，如贮物于器。"勤而积之，则满；懈而不积，则不满。此一说也。

昔有某氏女入寺，欲施而无财，止有钱二文，捐而与之，主席者亲为忏悔。及后入宫富贵，携数千金入寺舍之，主僧惟令其徒回向而已。因问曰:"吾前施钱二文,师亲为忏悔,今施数千金,而师不回向,何也?"曰:"前者物虽薄,而施心甚真,非老僧亲忏,不足报德;今物虽厚,而施心不若前日之切,令人代忏足矣。"此千金为半,而二文为满也。钟离授丹于吕祖,点铁为金,可以济世。吕问曰:"终变否?"曰:"五百年后,当复本质。"吕曰:"如此则害五百年后人矣,吾不愿为也。"曰:"修仙要积三千功行,汝此一言,三千功行已满矣。"此又一说也。

又为善而心不着善,则随所成就,皆得圆满。心着于善,虽终身勤励,止于半善而已。譬如以财济人,内不见己,外不见人,中不见所施之物,是谓三轮体空,是谓一心清净。则斗粟可以种无涯之福,一文可以消千劫之罪。倘此心未忘,虽黄金万镒,福不满也。此又一说也。

什么是半满呢?了凡解释:《易经》说"善事如果不去累积,就不能够成就美好的名声。恶事如果不去累积,也不会惹来杀身之祸",《尚书》讲"商纣王的罪恶累积得像是钱币串满了绳线,也像是收藏的物品塞满了整个容器一样",如果积得勤快,那就会积满,若是松懈,那就不会满。这是半满的一种说法。

他讲了女子布施的故事:从前有某姓人家的女子到佛寺去,想要布施却没有钱财,身上只有二文钱,就全部捐给寺院。寺里的住持和尚亲自替她忏悔祈福。后来这个女子进入皇宫获得富贵,带着好几千两的银子到寺里布施,但住持和尚却只叫徒弟替她做回向。

女子感到很疑惑,就问住持和尚:"我以前只是布施二文钱,您就亲自替我忏悔;我现在捐了几千两银子,您却不为我回向,这是什么原因呢?"住持和尚说:"您以前布施的财物虽然不多,但布施的心却非常真诚，我不亲自替你忏悔祈福，就不足以报答这份功德。现在您布施的财物虽然丰厚，但诚意却不如以前那么恳切，叫人代为忏悔也就足够了。"

了凡讲，这就是千金为半善，而二文却为满善的道理所在。

接下来他又讲了两位道士的故事。钟离权，也就是"八仙过海"神话故事里的汉钟离，他想把炼丹的方法传授给吕洞宾，其中有一种将灵丹点在铁上就能变成黄金的道术，可以用来救济世人。吕洞宾问："变成黄金以后，将来还会再变回原先的铁吗？"汉钟离回答："五百年后，会恢复原来的样子。"吕洞宾说："这会害了五百年以后的人，这种事情我不愿意做。"汉钟离感叹："修学仙道要先积满三千件功德，就凭你这句话，三千件功德已经圆满了。"

吕洞宾真不愧是祖师级的修行人，有非常清净的慈悲心，所以只此一言，三千功圆。真正修大功德，都是从心念上修。心生万法，所以我们要善用其心。

了凡接着解释，一个人做善事，而内心并不执着于行善，如果能够这样，无论所做任何善事，都能够成功而且圆满。若是做了善事，就执着在善事上，虽然一生都很勤勉行善，也不过是半善而已。譬如拿钱去救济人，要在内不见布施的我，在外不见受布施的人，在中间不见布施的钱，这才叫作"三轮体空"，也叫作一心清净。如果能够这样行善，纵使布施不过一斗米，也可以种下无量无边的福报了；即使布施一文钱，也可以消除一千劫所造的罪了。如果这个心，不能够忘掉所做的善事，虽然用了二十万两黄金去救济别人，还是不能得到圆满的福报。这是半善、满善的另一种说法。

了凡讲了两种说法，一是千金为半善、二文却为满善，强调的是发心——跟钱多钱少没有必然联系，含"诚"量，决定含金量。

这是从世俗角度上，就能讲得通的。另一个说法就相对高维了，了凡引用了"三轮体空"的概念，强调发心的清净，强调的是不执着，也即《金刚经》所讲的"因无所住而生起心"。好事该做就做，但心里不要执着，执着于什么，便被什么缠缚上了，反而增加了无明愚痴。

当然，也不能执着于"不执着"。现在有些人动不动就说"不要执着"，该吃吃该喝喝，胡吃海塞，貌似他真的不执着，其实他是大执着，只是用"不执着"来为自己的放纵打掩护。不执着于行善，不等于不去行善。只有通过行善积累福报，才能为智慧的提升和灵魂的进化奠定基础。

7. 行善之大小：宋代翰林"恶录盈庭"却功大于过的秘密

何谓大小？昔卫仲达为馆职，被摄至冥司，主者命吏呈善恶二录。比至，则恶录盈庭，其善录一轴，仅如箸而已。索秤称之，则盈庭者反轻，而如箸者反重。仲达曰："某年未四十，安得过恶如是多乎？"曰："一念不正即是，不待犯也。"因问轴中所书何事。曰："朝廷常兴大工，修三山石桥，君上疏谏之，此疏稿也。"仲达曰："某虽言，朝廷不从，于事无补，而能有如是之力。"曰："朝廷虽不从，君之一念，已在万民；向使听从，善力更大矣。"故志在天下国家，则善虽少而大；苟在一身，虽多亦小。

什么是大小呢？了凡解释：以前卫仲达（宋代官员）在翰林院里当官。某天他的魂魄被阴差捉到阴间，主审官叫阴间的文书小吏把卫仲达在人间所做的善恶两卷记录簿呈上来。等册子送到之后，发现记录恶事的簿子，竟然堆满了整个庭院。而行善的那一卷册，只不过像筷子那样小而已。拿秤来称重，却发现堆满庭院的那些记录恶事的册子反倒比较轻，而像筷子那么小的记录善事的册子反而比较重。

卫仲达说："我的年纪还不到40岁，为什么过失罪恶会有这么多呢？"主审官说："只要有一个念头不端正，就算是造恶，不必等到实际去做了才算。"

卫仲达问善册中所记录的是什么事。主审官回答："朝廷曾经大兴工程，修筑三山地区的石桥，你向皇帝呈上奏章，劝谏停止这项工程，以免劳民伤财，这就是那份奏章的文稿。"

卫仲达说："我虽然上了奏章，但是朝廷并未接受劝谏，怎么会有这样大的功德呢？"

主审官回答："朝廷虽然没有听从你的劝谏，但你心中所起的这个善念，是为全体百姓着想。如果真的被朝廷采纳了，其功德力量就会更大。"这个故事，和前面所讲的吕洞宾的例子很像，一个善念，就有强大的功德。这个故事也侧面印证：人在公门好修行。

卫仲达，北宋秀州华亭（今上海松江）人，初名上达，字达可。大观三年（1109）中进士，宋徽宗为其改名卫仲达。他后来官至礼部尚书。这个故事，不是明朝的故事，而是发生在几百年前的宋代，在南宋翰林学士、著名学者洪迈所著的《夷坚志》里有记载，并且介绍故事的出处是卫仲达的儿子卫臧讲给朋友听的。

了凡总结道，一个人的志向，如果是为全天下谋福利，为国家前途着想，那么所做的善事虽然很少，但功德却很大；假如只是替自身着想，善事虽然做了很多，但所能得到的功德却很小。

讲这个故事，了凡还是强调发心。从行为反作用力法则，这个也很好解释，因为心量越大，发心利益的对象越多，就相当于释放的作用力越大，自然而然，反作用力就越大。

8. 行善之难易：几位老翁的难舍能舍和难忍能忍

何谓难易？先儒谓克己须从难克处克将去。夫子论为仁，亦曰先难。必如江西舒翁，舍二年仅得之束脩，代偿官银，而全人夫妇；与邯郸张翁，舍十年所积之钱，代完赎银，而活人妻子，皆所谓难舍处能舍也。如镇江靳翁，虽年老无子，不忍以幼女为妾，而还之邻，此难忍处能忍也，故天降之福亦厚。凡有财有势者，其立德皆易，易而不为，是为自暴。贫贱作福皆难，难而能为，斯可贵耳。

什么是难易呢？从前的儒士说过："想要克制自身的私欲，必须从最难克制的方面做起。"孔子论述"仁道"时也说，要先从较难的地方下功夫。

了凡举了几个老先生的故事为例。江西省的舒老先生曾舍去私塾教书两年所得到的微薄薪资，来替穷人缴纳历年拖欠官府的税赋，保全了一对穷人夫妇免受分离之苦。河北邯郸的张老先生，舍掉十年来所积蓄的钱财，替一家穷人偿还赎款，救活了这个穷人家的妻儿。这两种情形都是所谓的"难舍能舍"。还有江苏镇江的靳老先生，年纪老迈却没有子嗣，他的邻居家里很穷，想把年幼的女儿嫁给他为妾，但靳老先生却不忍心耽误这个女孩的青春，就将她送回给了邻居。这就是在非常难忍的情形下，还能够忍下来。

了凡讲，这几位老先生的精神，一般人难以做到，所以上天赐给他们的福报也特别丰厚。一般有钱有势的人，想要行善积德都比较容易。虽然很容易，他们却不愿意去做，这实在是糟蹋自己的福报。至于那些家里贫穷又没地位的人，想要行善修福都比较困难。虽然困难，却能够尽心尽力去做，这才是可贵的。

这几个故事，只讲了老先生们行善的故事，却没有具体介绍"天降之福亦厚"的情况，或许有一个原因，就是这几个故事在当时已经为大众耳熟能详，几位老先生已经是广为人知的道德模范，他们的子孙都受到福德庇佑，在当世都是享受荣华富贵的响当当的人物了。

笔者考证——江西省进贤县的舒翁，有个儿子叫舒芬，明武宗正德十二年（1517）考中状元，为官清廉、正直敢言，以忠孝闻名，被称作"忠孝状元"。

邯郸张翁，名叫张绣，儿子张国彦是嘉靖四十一年（1562）进士，官至兵部尚书、刑部尚书，一生清正廉明，功绩辉煌，死后追赠太子太保。了凡从宝坻知县升任兵部职方司主事，张国彦是推荐人之一，也算对了凡有知遇之恩。

镇江靳翁，名叫靳瑜，在江苏金坛县教书为业，50多岁了还没孩子，夫人就花钱买下邻居家的女孩给他做妾，已经把钱都付了，靳瑜不忍耽误邻家女孩，将其送回给邻居，第二年夫人居然生下儿子，取名靳贵。这个故事在民间善书《安士全书》第三卷《欲海回狂》里也有记载。靳贵在明孝宗弘治三年（1490）中进士，为那一届的探花，由于正直不屈，曾被大太监刘瑾迫害，后来官至户部尚书、太子太保、文渊阁大学士、武英殿大学士，人称靳阁老。

三

十类操作方式，总有一款适合你

接着看《了凡四训》原文——

随缘济众，其类至繁，约言其纲，大约有十：第一，与人为善；第二，爱敬存心；第三，成人之美；第四，劝人为善；第五，救人危急；第六，兴建大利；第七，舍财作福；第八，护持正法；第九，敬重尊长；第十，爱惜物命。

了凡先生讲，随缘救济大众的事业，门类是很多的。举其大纲约有十条：

第一，与人为善。第二，爱敬存心。第三，成人之美。第四，劝人为善；第五，救人危急。第六，兴建大利。第七，舍财作福。第八，护持正法。第九，敬重尊长。第十，爱惜物命。这十条内容，笔者接下来稍作解释——

1. 你爱挑别人毛病，还是爱赞美别人

何谓与人为善？昔舜在雷泽，见渔者皆取深潭厚泽，而老弱则渔于急流浅滩之中，恻然哀之。往而渔焉，见争者皆匿其过而不谈；见有让者，则揄扬而取法之。期年，皆以深潭厚泽相让矣。夫以舜

之明哲，岂不能出一言教众人哉？乃不以言教而以身转之，此良工苦心也。

吾辈处末世，勿以己之长而盖人；勿以己之善而形人；勿以己之多能而困人。收敛才智，若无若虚。见人过失，且涵容而掩覆之。一则令其可改，一则令其有所顾忌而不敢纵。见人有微长可取，小善可录，翻然舍己而从之，且为艳称而广述之。凡日用间，发一言，行一事，全不为自己起念，全是为物立则，此大人天下为公之度也。

什么是与人为善？了凡解释：从前舜在雷泽这个地方打鱼的时候，见到捕鱼的人都喜欢在鱼类较多的深潭深塘打鱼，老弱之人只能去鱼少的急流浅滩打鱼。舜心疼他们，深感难过，走进捕鱼的人群和他们一起打鱼。对于强横争夺的人，舜不批评他们，对肯退让的人，则加以表扬。他自己也参加捕捞，并以身作则，把好的地段让给别人。经过一年时间的熏陶之后，大家的善意被激发出来，彼此之间都肯相让了。舜这样明白事理的人，难道不能讲一句教训众人的话吗？可是他不用言教，而以身教，通过以身作则，来影响别人、转变别人，这正是他的良苦用心。

了凡讲，我们生活在"末法时代"，不能以自己之长来掩盖别人，不能以自己的善来反衬他人的不善，不能以自己的过人能力去为难别人。要收敛才智，就像没有才智一样。见到别人的过失，要予以包容并帮人遮掩，一则可以让他改正，二则可以让他有所顾忌而不敢放肆。见到别人有一点点长处可取，有细小善处可取，就应该赶紧向人家学习，多表扬赞美他人的优点，并予以广泛传播。日常生活中的一言一行，都不要只为自己着想，都应该带动大家向上向善，形成良好的榜样，这就是大丈夫"天下为公"的气度。

中国文学经典名著《红楼梦》里有一首诗："才自精明志自高，生于末世运偏消。清明涕泣江边望，千里东风一梦遥。"这是写给书中人物贾探春的命运判词，诗中的"末世"指的是家族衰亡的时期。《了凡四训》成书的时代早于《红楼梦》，在这里用到"末世"一词，是佛教词汇"末法时代"的简称，指的不是一个人、一个家族、一个国家，而是指佛法的传承与实践处于衰落的阶段。这个时代，学习和实践佛陀教育理念的人越来越少，邪知邪见的老师们多如恒河里的沙子，人们的贪欲、愚痴、嗔怒等烦恼日益增加，修行证道的圣人越来越少。

了凡所讲的与人为善，概括来说，就是多替别人着想，多给别人帮助，多学习别人的长处，多赞美别人的善事。现在许多人喜欢用放大镜挑别人的毛病，对好人好事带着苛刻的心态，比如一些新闻媒体，喜欢从做善事的人身上找到弱点和短处，以显示新闻报道的客观全面，以显示他们能够高明地了解到更全面的人性。这种刻意的"扬恶"，消解他人道德弘扬方面的努力，其实也是一种恶业。

民国时期的大善人王凤仪老先生有句名言：找人好处是聚灵，看人毛病是收脏。找到别人的毛病，看似聪明，对自己有什么帮助呢？人人都有不足，都有缺点，习惯于挑人毛病，对别人并无益处，往往还能增加自己虚幻的优越感，滋长自己潜在的傲慢。挑别人的毛病，且不说可能存在自己的误解，就算挑到的都是真毛病，这些"毛病"都带着负面的情绪能量，等于在自己清净的意识世界里，刻录写入肮脏的垃圾数据，让自己的性格与情绪能量受到这些垃圾数据的影响，其实坑的是自己。爱挑毛病的人都容易生气，气大伤身，对自己最直接的影响会反馈到身体健康上。爱挑人毛病，久而久之还会在脸上落下刻薄相。挑别人毛病，本身就是一种心念发出的作用力，必然会产生反作用力到自己身上，别人自然也会挑他的毛病，对他留下坏印象。

如果我们理解了行为反作用力法则，就不难理解了凡的良苦用心，还是听这位智者的话——拿着显微镜去发现他人的优点，并且大声赞美吧，某种意义上，这相当于复制一份别人的福德，粘贴到自己的意识世界，这是"与人为善"的重要表现，也正是王凤仪老人所说的"聚灵"。

2. 平等的爱，安一世之人

何谓爱敬存心？君子与小人，就形迹观，常易相混，惟一点存心处，则善恶悬绝，判然如黑白之相反。故曰："君子所以异于人者，以其存心也。"君子所存之心，只是爱人敬人之心。盖人有亲疏贵贱，有智愚贤不肖；万品不齐，皆吾同胞，皆吾一体，孰非当敬爱者？爱敬众人，即是爱敬圣贤；能通众人之志，即是通圣贤之志。何者？圣贤之志，本欲斯世斯人，各得其所。吾合爱合敬，而安一世之人，即是为圣贤而安之也。

什么是爱敬存心？了凡解释：君子和小人，就其形迹来看是很容易相混的。只有一点存心处，那善恶是截然不同的，就好比黑与白完全相反，所以说："君子所异于人者，以其存心也。"这句话出自《孟子》。孟子还说，"君子以仁存心，以礼存心。仁者爱人，有礼者敬人。爱人者，人恒爱之；敬人者，人恒敬之"。

了凡从孟子的话引申开来：君子的存心只是爱人、敬人，因为人类有亲疏之别、贵贱之别、智愚之别、贤劣之别，万品不齐，都是我的同胞，与我皆为一体，哪个是不该去敬、去爱的人？爱敬众人，即是爱敬圣贤。能与众人的想法相通，就是与圣贤的想法相通。为什么这样讲？因为圣贤的志愿就是让这个时代的这些人民各得其所。我能做到爱和敬，给一个时代的人们带来安乐，就是替圣贤给人们带来安乐。

现在流行一句话，"爱出者爱返，福往者福来"，就是对爱敬存心的最佳注解。这句话出自汉代学者贾谊所著《新书》的"春秋篇"，书中与这句话相对的还有一句"祸出者祸反，恶人者，人亦恶之"。这两句话，都是对行为反作用力法则的经典注解。

了凡说，君子所存之心，只是爱人、敬人之心，这说明君子们都是智者，都深明行为反作用力法则。选择"爱敬存心"，是智慧的表现，也是积善的重要法门。

"万品不齐，皆吾同胞，皆吾一体，孰非当敬爱者？"这句话还体现了一种平等的观念。在儒家典籍《孟子》里有一句名言，"人皆可以为尧舜"，意思是说，只要肯努力，人人都可以成为尧舜一样的圣贤。在佛教经典里，常不轻菩萨深敬众生，不敢轻慢，即使众人或以杖木、瓦石而打掷，他避走远住，犹高声唱言："我不敢轻于汝等，汝等皆可作佛。"人人都可以为圣贤，人人都可以作佛，这是智者持有的平等观、平等心。愚痴颠倒之人，往往会轻慢众生，认为有些众生世俗成就还不如他，怎么可能会成为圣贤，怎么也配学佛成佛。

爱敬众人，即是爱敬圣贤；能通众人之志，即是通圣贤之志。这句话，了凡所指的圣贤，既包括儒家的圣贤，也指佛家的圣贤。他所处的时代环境，朱子理学是主流，所以能用儒家语言讲道理，就尽量用儒家话语来表达。融合儒释道三家文化体系，用主流儒家容易接受的方式来表达，本身就是"通众人之志"。

3. 成就别人就是成就自己

何谓成人之美？玉之在石，抵掷则瓦砾，追琢则圭璋；故凡见人行一善事，或其人志可取而资可进，皆须诱掖而成就之。或为之奖借，或为之维持，或为白其诬而分其谤，务使之成立而后已。

大抵人各恶其非类，乡人之善者少，不善者多。善人在俗，亦难自立。且豪杰铮铮，不甚修形迹，多易指摘，故善事常易败，而善人常得谤。惟仁人长者，匡直而辅翼之，其功德最宏。

什么是成人之美？了凡解释，玉含藏在石头里，被人抛弃，就等同于瓦砾，如果加以雕刻、琢磨，就成了圭璋之类的器物。所以当看见别人做了一件善事，或此人的心志有可取之处，其天资可堪造就，都应该奖励他、提拔他，助他成就。我们可以鼓励他，帮他维持局面，或替他洗白冤屈，减轻他所受的毁谤，务必让这个人在社会上有所成就，才算尽心，才可以停止。了凡在天津宝坻任知县时，就向上级大力推荐德行兼优的同僚下属。经他提携，宝坻县县丞黄维中，相当于现在的副县长一职，高升到苑平县做了知县。

了凡讲，大抵人们都不喜欢异类之人。世俗圈子里，善人比较少，不善的人比较多，因此，少数善人在俗人的圈子里很难立足。况且豪杰性格刚直，不太注意细小形迹，就容易引起别人的非议和指责。所以善事常易失败，善人常得毁谤。这就需要有品德的仁人长者去辅助他们，这样做的功德是最大的。

成人之美，这个词出自《论语·颜渊》："君子成人之美，不成人之恶。小人反是。"意思是君子会想方设法帮助别人实现美好的愿望，帮助别人成就好事，而不是帮助别人做坏事，而小人是反着来的，小人见不得别人好，不愿意成人之美，甚至会破坏别人做的好事，或者诽谤别人做的好事，鸡蛋里挑骨头，小人还喜欢成就别人干的坏事。

成人之美，对别人的行善能够起到辅助作用，其实也是一种共业。唐代玄奘大师翻译的经典《俱舍论》说："万人共造善恶因，每人均得万人果。"这句话揭示了共业的特征。举个例子，大家一起捐资助学，一人出一元钱，一万人共出一万元，但每个人都有出资万元助学的整体善业果报。同样，如果一万人共同参与恶事，比如盗伐森林，每人砍一株树，一万人就砍掉一万株树，但每个人都要承受盗伐一万株树的恶业果报。这就是共业的特点，共业的力量。君子成人之美，释放的是积极的善意，参与的是善事的共业，根据行为反作用力法则，自然也会收到善果的反馈。用一句通俗的话来概括：成就他人，就是成就自己。

4. 对人最大的恩惠

何谓劝人为善？生为人类，孰无良心？世路役役，最易没溺。凡与人相处，当方便提撕，开其迷惑。譬犹长夜大梦，而令之一觉；譬犹久陷烦恼，而拔之清凉，为惠最溥。韩愈云："一时劝人以口，百世劝人以书。"较之与人为善，虽有形迹，然对证发药，时有奇效，不可废也。失言失人，当反吾智。

什么是劝人为善？了凡解释，既然生为人类，哪能没有良心呢？只是在世间人生的道路上，追逐名利，忙忙碌碌，最容易昧了良心，沉溺堕落。

因此，与人相处，应该方便地指引他、提醒他、拨开他的迷惑。譬如长夜大梦，使他一觉醒来；又如久陷烦恼，拔出他到清凉的地方。如能这样，给人的恩惠利益最大、最深。了凡这里用的"提撕"一词，不是拽着厮打的意思，而是有拉扯提携、警觉提醒和振作之意。今天人们常见的俗话，扯扯袖子、揪揪耳朵，都是给人提醒的意思。人为什么会沉沦堕落，就是被欲望牵引，不择手段，巧取豪夺，侵害他人和公众利益。了凡强调，让人觉悟，让人出离烦恼，让人回归慈悲，让人止恶为善、回头是岸，就是最大的恩惠。

唐代名儒韩愈说："一时劝人以口，百世劝人以书。"了凡强调，与人为善和劝人行善相比还是有所不同的，劝人为善虽有外在形式的痕迹，但能对症发药，往往会产生特殊效果。所以，劝人为善不可放弃。有了机会可以劝说的而不加劝说，这是失人；不能劝的硬加劝说，这是失言。如果失人失言，应该反省自己的方法，要总结经验，检讨教训。

"失言失人"这句话出自《论语·卫灵公第十五》，孔子说："可与言而不与之言，失人；不可与言而与之言，失言。知者不失人，亦不失言。"

了凡晚年著书立说，本身就是在践行"劝人为善"。正如韩愈所言"一时劝人以口，百世劝人以书"。唐代"诗圣"杜甫也有类似的话：文章千古事，得失寸心知。著书立说一定要有严肃认真的态度和强烈的责任感。如果发言轻率，给人误导，流毒贻害就深远了，此类行为的反作用力也是相当厉害的。

儒家经典也有许多劝善的内容。对于儒家的经典，许多人著书立说，进行解读，到了南宋时期大儒朱熹对《论语》《大学》《中庸》《孟子》进行了个人的诠释，他的《四书章句集注》成为官方哲学的教科书，成为后世科举考试的大纲教材，对读书人影响很大。朱子的解释是不是都对呢？了凡就不认可，他认为朱子对儒家经典的很多解释违背了孔子和孟子的原意。这种思想，应该是一脉相承于王阳明的心学。阳明心学是整合吸收了佛道两家精华之后，对朱子理学的重大突破。明代有大批的儒生和官员成为王阳明的徒子徒孙，内阁里执掌权柄的大臣也认可阳明心学，明朝中后期的科举考试风向标慢慢改变之后，影响了全国的读书人。

《游艺塾续文规》卷三收录了了凡写给同科进士、亲家陈于王的《论命书》，对当时儒家理学的误区进行了批评："然从此而遍交天下豪杰聪明智慧者，如麻似粟，并无一个半个知归根复命者，是以世智浮慧愈高，而去本地风光愈远。纵步步圣贤，早已错用心矣。弟知世儒学问迷误已久，不但佛教不行，即孔孟脉络，居然断灭，故从来只和光混俗，未尝敢以真实本分之事开口告人，而今特举以告足下，为爱足下不同众人也。"

当代学者南怀瑾也指出："'仁'是孔子思想的中心，历代以来的解释很多，尤其宋儒——理学家，专讲这个'仁'。不过在我个人的看法，宋儒理学家们所讲那一套'仁'的理论，已经不是孔子思想的本来面目了。左边偷了佛家的，右边偷了道家老庄的，尤其偷了老子的更多，然后融会一下据为己有。等于偷来的衣服，洗过一次穿在自己的身上，说是自己的衣服，这种作风实在令人为之气短。宋儒天天讲要'诚'，要'敬'，我认为他们在做学问的基本态度上就违反了这两点，既不诚，又不敬。"

在儒释道三大文化体系相融合的社会背景下，《了凡四训》之类善书在明朝后期开始大量出现。这里举两个例子。江西士子俞都（字良臣，自号净意道人）曾与了凡共同参加过万历二年（1574）和万历五年（1577）的会试，也做过内阁首辅张居正的家庭教师，他比了凡提前三届中进士，同乡晚辈根据他的经历写下名篇《俞净意公遇灶神记》，流传甚广，同为匡扶世道人心的劝善作品。了凡的弟子洪应明收集编著的一部论述修养、人生、处世、出世的语录集，起名《菜根谭》，也是风靡一时并至今流传的经典善书。

5. 以同理心，帮人摆脱困境

何谓救人危急？患难颠沛，人所时有。偶一遇之，当如痌瘝之在身，速为解救。或以一言伸其屈抑；或以多方济其颠连。崔子曰："惠不在大，赴人之急可也。"盖仁人之言哉。

什么是救人危急？了凡解释，遇到患难颠沛流离，这是人生道路上在所难免的事。偶然遇到，应该像自己遇到不幸一样，迅速解救。或仗义执言昭雪他的冤屈，或从各方面救济他的困苦。崔子说："惠不在大，赴人之急可也。"这是说恩惠不在于大小，只要能解救他的急难就可以。

了凡这里提到的崔子，是明代著名学者崔铣。他在《士翼》一书中写道："惠不在大，赴人之急可也。论不在奇，当物之真可也。

政不在赫，去民之疾可也。令不在数，达己之信可也。"

颠沛流离的境遇，儒家圣人孔子也会遇到。这是人之常情。随缘帮助那些身陷困苦的人，要有同理之心，要能换位思考，如同疾苦发生在自己身上。了凡就是关心民众疾苦的大善人，他不止一次在佛前许下三千善行的诺言，他完成的善行里有不少救人危急的事情。在宝坻做知县时，他还拿出自己微薄的俸禄去赎回被卖的孩子、帮穷人还债。

在了凡所说的救急一项里，还有帮人仗义执言，"伸其屈抑"。因为受到冤屈的人，心理上会承受很大的压力，有时候想不开，可能就会自尽身亡。所以救冤有时候就是救命。有些人蒙受不白之冤，还会受到社会的一片指责，受到嫌弃和歧视，甚至在找工作上还会遭受不公正待遇，人生发展上因而障碍重重，还有的直接就进了监狱，人身失去了自由，整个家庭可能就毁了，那是更加悲惨的境地，所以帮人洗刷冤屈就是救急。

古代某些司法人员，手握刑罚大权，吃完原告吃被告，还有些人甚至希望监狱里的犯人越多越好，这样就有人会求他们通融打点善待犯人，他们就可以随便鱼肉百姓。了凡对这类现象深恶痛绝，他在宝坻知县任上帮助平反了许多冤狱，为许多百姓提供了救急的恩德。

6.兴建大利，了凡是好榜样

何谓兴建大利？小而一乡之内，大而一邑之中，凡有利益，最宜兴建。或开渠导水，或筑堤防患；或修桥梁，以便行旅；或施茶饭，以济饥渴。随缘劝导，协力兴修，勿避嫌疑，勿辞劳怨。

什么是兴建大利？了凡解释，小到一乡之地，大到一县之地，凡有关利益大众的，应该积极兴建，比如开渠导水、筑堤防患，或修桥梁以便行旅，或施茶饭以济饥渴。随见随闻向人加以劝导，自己协办兴修，不要为避嫌而放弃不做，不要为躲避劳苦和抱怨而不做。

兴建大利，比如水利工程，能一次帮助很多人，完成一项水利工作，能积累很大的福报。在兴修水利上，了凡就是典范。

很多网站上，都介绍了了凡当年在宝坻做知县的时候，治理水患的功绩——"明代宝坻是名副其实的'九河下梢'，西部通州、香河，西北密云、三河及北部蓟州，每遇大水泛滥，沥水多要流经境内入海，使得本已经成灾的宝坻愈发灾上加灾，这是县内多水患的上游之源。另一个原因是海潮时有倒灌，境内所存之水复遇叠加，更加不能泄下。最严重的年份，除了西北部十余里无水外，县城以南二百五十多里大水滔天，平地水深数尺至逾丈。

"对水利素有研究的了凡深知，修堤和泄水是解除水患的关键。他亲自到田野中，组织指导百姓对沥水进行疏导；加筑三岔口河堤，阻止县北河水灌入；又分别开挖林亭口处几个河道，使积水得以下泄。

"为最终解决水患，了凡着力构建排水灌溉河渠网。他多次组织人力，开沟渠、疏河道，并向上司请求开挖新河，引导上游沥水直接入海，减少宝坻水害。对于海水倒灌，他教导百姓沿海岸种植柳树，涨潮时海水裹挟大量泥沙上岸后，遇柳树阻挡而淤积，时间长久形成堤坝，以此阻止海水泛滥。

"京东河道淤积是长期难以解决的一大难题。了凡考察两道主河后，结合历代治水经验和原理，提供治淤办法：在新河入海处建闸。

海潮来前关闭闸门，阻住海水上行和所裹挟泥沙；潮去后适时开闸泄水，以水流冲排河道中的淤沙。对境内泄水河道，他估量地势，修建木闸数处，有效减轻了泥沙淤积，又便于掌控水流。"

许多科举出身的官员，长年读圣贤书，对经世济民的实用学问一窍不通，而了凡不一样，他是有家学渊源的人，从小在万卷楼里阅读了大量的科举经学之外的知识，包括但不限于天文、气候、地理、水利。正是多年来积累的综合学科的知识，以及实地调查研究的踏实作风，使了凡在治理水患方面得心应手。多年以后，清代所编县志还给予了凡治水"甚有功"的评价。

有大德指出，兴建大利最难的就是进行道德伦理的教化。确实如此，比修桥铺路难度更高的，是精神文明上的建设工程。

许多"大聪明"会讽刺和排斥道德教化，认为这只是虚伪的意识形态说教。他们以为别人劝他做好人，就是为了让他当傻子，好去骗他。在他们看来，当好人就是要吃亏的，是会让别人占便宜的。他们会讽刺"吃亏是福"的道理。他们认为自己才是聪明人，谁也别想忽悠他。这就是道德教化的艰难，众生刚强难化。

7. 贫穷布施难、富贵修道难

何谓舍财作福？释门万行，以布施为先。所谓布施者，只是舍之一字耳。达者内舍六根，外舍六尘，一切所有，无不舍者。苟非能然，先从财上布施。世人以衣食为命，故财为最重。吾从而舍之，内以破吾之悭，外以济人之急。始而勉强，终则泰然，最可以荡涤私情，祛除执吝。

什么是舍财作福？了凡解释，佛教上万种修行法门，以布施为先，所谓布施，核心只是一个"舍"字。通达的人内舍眼耳鼻舌身意，外舍色声香味触法，内外无不舍掉。舍得干干净净。如果暂时做不到这样，就先从财上布施。世人以衣食养命保命，而钱财能换取衣食，所以施财为最重要。如果能舍财，内可以破除自己的悭吝心，外可以济人急难。舍财，开始会有些勉强，到后来就会成了自然的习惯。这样最能洗涤私心、消除吝啬的执念。

了凡这里所说的"达者"，指的是智慧通达的人，可以无所不舍。明代蕅益大师谈及念佛时也有类似的哲语：真能念佛，放下身心世界，即大布施；不复起贪嗔痴，即大持戒；不计是非人我，即大忍辱；不稍间断夹杂，即大精进；不复妄想驰逐，即大禅定；不为他歧所惑，即大智慧。这是真正的修行境界，普通人做不到。世人以衣食为养命之源，还是更看重钱。所以了凡讲从金钱上修布施，是最容易帮助普通人培福、增慧的入手之处。

在《佛说四十二章经》里，人世间有二十项难以做到的事，其中"贫穷布施难"名列第一项，其次是"富贵发心难"。穷人根本没有钱，布施一点点金钱都很艰难，跟要了命似的，因为即便很少的金钱都来之不易。所以，穷人发心布施，不在钱多少，而要看诚意，一点点的金钱，往往都带着满满的诚意。富贵发心难，是说富贵的人过得很舒服，很容易在安逸富足的生活里优游卒岁，他们处于上流阶层，往往有很多优越感，比如智力上的优越感、学识上的优越感，甚至还有道德上的优越感、福报上的优越感。但是富贵中人沉浸于安逸，容易忽略世间的无常的痛苦，很难放下正在享受的一切去修道，反倒是穷苦的人更容易体会到人生的痛苦，更容易生起改变现状之心，这种痛苦往往会成为修行的助缘。

有的修行人一开始可能是因感情上的痛苦而入道，有的可能是因为疾病的痛苦而入道，有的是因为财富上的贫乏而入道，有的可能是仕途的失意而入道……刚开始可能动机不纯，只是为了寻求情感上的寄托和安慰，带着自私的动机躲避痛苦，但随着学习的深入，他们有可能会进入较高的修行境界。当然，苦难本身并不值得歌颂，苦难本身也是缘起性空，能善用苦难，转苦难为道用，才不辜负苦难。

8. 报恩之心，尤当勉励

何谓护持正法？法者，万世生灵之眼目也。不有正法，何以参赞天地？何以裁成万物？何以脱尘离缚？何以经世出世？故凡见圣贤庙貌、经书典籍，皆当敬重而修饬之。至于举扬正法，上报佛恩，尤当勉励。

什么是护持正法？了凡解释，佛法是万世生灵的指路眼目，如果没有佛法，就不能助力天地造化之功，就不能助于裁剪材料成就万物，就不能治理世间、出离世间。所以，凡见到佛寺、佛像和经书，都应加以敬重，并对破乱和杂乱之处予以修补与整理。至于弘扬正法、上报佛恩，更要勉励尽心尽力去做。

明朝虽然以儒学为意识形态正统，但并不禁止佛教，相反，皇室非常尊敬和支持佛教，朝廷大臣尊奉佛教的也比比皆是。万历四年（1576），皇太后在京城出资兴建慈寿寺，四百多年过去了，当初的慈寿寺塔依然矗立在北京市海淀区玲珑公园里，塔北还立有万历年间两块石碑，一为紫竹观音像，一为鱼篮观音像。遥拜了凡为师的沾益州知州马中良，从太监那里获得了两幅观音像的拓本，带回了大西南，至今西昌泸山还立有"鱼篮观音"画像碑。作为一名拥有坚定信仰的佛教居士，了凡在十大善行中列入"护持正法"，是可以理解的。

9."此等处最关阴德"

何谓敬重尊长？家之父兄，国之君长，与凡年高、德高、位高、识高者，皆当加意奉事。在家而奉侍父母，使深爱婉容，柔声下气，习以成性，便是和气格天之本。出而事君，行一事，毋谓君不知而自恣也。刑一人，毋谓君不知而作威也。事君如天，古人格论，此等处最关阴德。试看忠孝之家，子孙未有不绵远而昌盛者，切须慎之。

什么是敬重尊长？了凡解释，家有父兄，国有领导，以及年高、德高、位高、识高的人，都应该对他们加以尊重。在家侍奉父母要做到和颜悦色、柔声和气，养成习惯。这是以和气感动天地的根本。在外为君主从事行政治理的工作，要尽职负责，无论做什么事，不要以为君主不知道而放纵胡来。处罚一个人，也不要以为君主不知道而作威作福。对待君主，如同对待上天一样敬畏，这是古人的格言，这个地方与阴德的关系最大。试看忠孝的家庭，子孙是没有不发达久远而世代昌盛的。

根据了凡的解释，对父母不恭敬，耷拉个脸子，冲父母大呼小叫，都是不孝的行为。在单位，领导就是君，以为领导看不见就恣意妄为，就是不忠的行为。

作为地方官，不能因为山高皇帝远就对老百姓横征暴敛、滥施刑罚。了凡在宝坻知县的任上，爱民如子，做到了"事君如天"。

了凡上任之初，宝坻"一穷二白"，公账上没余银，官仓里只有三百余石粮食。他以身作则，号召县衙要过紧日子。针对人浮于事现象，他着手裁汰冗员，对在编人员包括身边服务人员进行清理，辞职者非必要岗位不予补充；在日常开支上，办公物品购置和公务招待力求俭朴，非必需绝不添置一物，平日用粗茶淡饭接待来客，公务宴请最多只允许上五道菜。他还带头在县衙后院的空地上种菜，取消蔬菜的公费供应。他自己出行总是轻车小轿，仪仗"设而不用"，不摆官威，减少扰民。他还以便民为原则，简化了相关办事部门的工作流程。了凡还取消了基层里甲摊派给百姓的多种收费名目，制定严格规定打造一心为民的胥吏队伍。他减轻刑罚，平反冤狱，公正审理，做到了公堂无积案，大大减少了"靠案吃案"的灰色操作空间，所以才有了下雨塌墙后犯人一个也没有逃跑的德政。

了凡以实际行动，为官场同人做出了榜样：当一个廉政爱民、务实做事的好官，就是对尊长的大忠大孝。

10. 求仁者求此，积德者积此

何谓爱惜物命？凡人之所以为人者，惟此恻隐之心而已，求仁者求此，积德者积此。《周礼》："孟春之月，牺牲毋用牝。"孟子谓君子远庖厨，所以全吾恻隐之心也。故前辈有四不食之戒，谓闻杀不食、见杀不食、自养者不食、专为我杀者不食。学者未能断肉，且当从此戒之。渐渐增进，慈心愈长。不特杀生当戒，蠢动含灵，皆为物命，求丝煮茧，锄地杀虫，念衣食之由来，皆杀彼以自活。故暴殄之孽，当于杀生等。至于手所误伤、足所误践者，不知其几，皆当委曲防之。古诗云："爱鼠常留饭，怜蛾不点灯。"何其仁也？

何谓爱惜物命？了凡解释，人类之所以为万物之灵，之所以有人格，就是因为有恻隐之心。求仁者求的就是这恻隐之心，积德者积的也是这恻隐之心。《周礼》上说，每年正月祭祀，祭品不要用母的，因为春天是动物最容易怀孕的时期，以母的作为祭品，会摧残很多胎中的物命。孟子说君子远离厨房，都是为了保全自己的恻隐之心。孟子这句话出自《孟子·梁惠王上》，原文讲："君子之于禽兽也，见其生，不忍见其死；闻其声，不忍食其肉。是以君子远庖厨也。"

了凡说，一般人家的厨房会宰杀切割动物的躯体，并且蒸炒煎煮动物的遗体。所以前辈有"四不食"之戒律，就是闻杀不食、见杀不食、自养者不食、专为我杀者不食。修学者还不能做到断肉，应当暂时戒吃这四种肉，凡是修慈心的人，刚开始先从这些事做起。等到慈心渐渐增进，不仅是戒杀，而且对小的动物也要爱惜。譬如用丝做衣服，把茧放在水里煮，会伤害蚕的性命；锄地耕田，会杀死地里的小虫。想想我们的衣食是以众生的生命为代价换来的，怎么能随便糟蹋、浪费呢？所以，浪费的罪过和杀生等同。至于随手误伤，或者无意用脚踩死的生命，不知道有多少，这些地方都需要小心防范。宋代大诗人苏东坡有两句诗说："爱鼠常留饭，怜蛾不点灯。"这是何等的仁慈！

爱惜物命的一个重要方式就是放生，有条件就不妨多做，没条件能吃素也很好。古人云，"一日吃素，天下杀生无我份"。做不到天天吃素，每逢初一、十五吃素，也很了不起。有人说吃素也是一种放生，这话有几分道理。吃素有吃素的福报，但不能取代主动的放生。这个不能搞混淆了。放生不是普通的善行，它同时也是一种修行，菩萨道六度万行，"布施、持戒、忍辱、精进、禅定、般若"，都可以从放生这一特殊的法门中得到修持。

除了放生之外，"护生"也是非常重要、非常增长福报的行为。冬天的小鸟找不到粮食，我们在树林里撒点细粮给小鸟吃，就属于护生行为。更大规模的护生行为，是保护环境，国家设立自然保护区，不许乱砍滥伐，不许盗猎动物，就是国家层面的护生行为。

"没有买卖就没有伤害"，这句大众耳熟能详的公益广告词，揭示了杀生因果链条上的联动效应。除了饮食领域需要注意爱惜物命，了凡还提到了服装领域，他大部分时间在南方生活，对北方的一些损伤动物生命的穿衣风尚不太了解。现在的纺织技术先进，各种棉麻和化纤完全可以起到御寒的作用，不必再去剥夺动物的生命。但有些人并不认为穿皮草有什么不好，有的地方以穿貂为荣，没有貂皮衣服就好像出不了门似的，家家户户都要必备一件，作为身份和财富的象征。这其实是和众生结了恶缘。皮草行业的发达，直接驱动了对野生动物的滥捕滥杀，一些稀有野生动物也随之濒临灭绝。

为了一件衣服，是否要让动物们付出残酷代价？越来越多善良之士开始反思这个问题。如今环境保护的理念，越来越受到人们的重视，对皮草的抗议也频频出现在各类场合。还有企业家免费为公益组织的动物保护行动做代言，他们所做的，是功在千秋、惠及子孙的善业。

《了凡四训》"积善之方"结尾最后一句是："善行无穷，不能殚述。由此十事而推广之，则万德可备矣。"

这句话是说人们行善的行为是无穷无尽的，是不能一一讲完的。由上述十种善行，可以类推其他的善行，只要广积善业，就可以具备无量的福德。

拍摄经典电视剧《大宅门》的当代知名大导演郭宝昌，也曾像了凡一样被人精准预测了许多重大事件，他在接受采访时讲述自己 16 岁时找高人算命，24 岁有牢狱之灾、26 岁家道中落一贫如洗，以及后来的峰回路转和名利双收都被算准。在 2021 年生活·读书·新知三联书店出版的自传散文集《都是大角色》一书中，郭宝昌对这段早年的算命经历也有详细的介绍。按照算命先生的预测，他的人生要在 64 岁走到尽头。但人家算命先生又有话讲，说命运也是可以改变的，如果郭宝昌能努力挺过 64 岁关口，就能活到七八十岁。这等于承认了命理学说的局限。郭宝昌大导演果真突破了算命先生预测的寿命，后来活到了 80 多岁。他的一生，也可以视为成功改变命运的一生。是什么样的力量，让他的寿命从算命先生预测的 64 岁，延长到 80 多岁呢？

其奥秘在《了凡四训》里早就讲过了：大善之人，是不会被命理所拘的。正如了凡所言，"善行无穷"，郭宝昌导演就是积极行善的人。他生前在接受采访时讲："现在越是恶俗的东西，越能引人看，我觉得这个太可怕了。一个全民族的文化水准，假如都在往下落的话，这个民族慢慢就完蛋了。我们现在需要提高大家的品位，提高大家的鉴赏力，只有这样，他们才能够知道一个国家的命运，究竟掌握在谁的手里，艺术到底应该起到什么样的作用，我觉得这才是我们要做的工作。"作为较高道德底线和自律标准的文化工作者，他以优秀的文艺作品来育人，以提升整个中华民族的文化水准和艺术修养，这是何等的善心大愿！

了凡在"积善之方"这一篇章里列举的十项善行，并不是他的独家原创，而是中国社会千百年来推崇和尊奉的行为指南。道家经典《太上感应篇》里也有许多类似表述："积德累功，慈心于物。忠孝友悌，正己化人，矜孤恤寡，敬老怀幼。昆虫草木，犹不可伤。宜悯人之凶，乐人之善，济人之急，救人之危。见人之得，如己之得。见人之失，如己之失。不彰人短，不炫己长。遏恶扬善，推多取少。受辱不怨，受宠若惊。施恩不求报，与人不追悔。所谓善人，人皆敬之，天道佑之，福禄随之。"

晚年在家乡，了凡还为地方慈善事业的发展尽心尽力。他在给同科进士、亲家陈于王的信中写道："内思破己之悭，外思纳人于善，凡有利益，无不兴崇。我辈平日刻苦，为子孙创业，死后皆用不着，所可恃以瞑目而释然无憾者，惟此修德行义之事而已。大抵人受命于天，生来之福有限，积来之福无穷。"

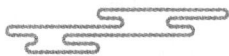

孔子说："四十而不惑，五十而知天命"。人走到中年的时候，往往就知道自己几斤几两了。青春时期的激情慢慢消退，自己究竟有什么样的才华、机遇和资源，心里应该差不多都有数了。有些梦想恐怕也只能作为梦想了，想干的事太多，很多目标的实现遥遥无期。在消极思想心态的影响下，人们往往会产生这样的认知：我的命不好，人家的命真好。有些人一辈子都在抱怨外界的因素，而不肯反省自己的不足。智者不抱怨，而是选择向内求，首先要承认自己的不足，再努力提升自己。

能勇于承认自己的不足，就是重要的品德：谦德。

作为儒家群经之首的《易经》，有一卦名字就是谦卦。该卦对谦德做了全面、深刻的论述。孔子在《易经·系辞下传》中赞曰："谦，德之柄也。"

接着看《了凡四训》原文——

《易》曰："天道亏盈而益谦；地道变盈而流谦；鬼神害盈而福

谦；人道恶盈而好谦。"是故谦之一卦，六爻皆吉。

《书》曰："满招损，谦受益。"

予屡同诸公应试，每见寒士将达，必有一段谦光可掬。

"天道亏盈而益谦"，所谓天道，就是客观存在的自然法则，不以人的意志为转移。这句话出自《易经》，是对谦卦的解释。老子在《道德经》里讲，"天之道，损有余而补不足"，这句话和"天道亏盈而益谦"意思差不多。

《易经》六十四卦，只有谦卦六爻皆吉，卦辞没有出现"凶""咎""悔""吝"等不吉之字。卦辞阐述，"谦亨。天道下济而光明，地道卑而上行。天道亏盈而益谦，地道变盈而流谦，鬼神害盈而福谦，人道恶盈而好谦。谦尊而光，卑而不可逾，君子之终也。"这几句话的意思总结起来，就是天道、地道、鬼道、人道都尊崇谦虚。人不能狂，不能骄傲自满，否则天道、地道、鬼道和人道都容不下他。《尚书》里也有一句话将这个道理总结得非常简洁："满招损，谦受益，时乃天道"。

《易经》里讲，"谦谦君子，卑以自牧也"。这里说的"自牧"，就是一种自我管理。功高不自居、名高不自誉、位高不自傲，保持谦卑，是自我管理的要点。一旦人有了傲慢心，就会变得敏感、脆弱，瞧不起别人，处处防着别人，束缚在自己的知见里，听不进别人的意见，看不到别人的贡献，不懂谦虚，不懂感恩，心量不大，脾气不小，即使有功德福报，也留不住，很容易被损耗掉。

《吉祥经》讲："恭敬与谦让，知足并感恩，及时闻教法，是为最吉祥！"

西方基督教也有相关的名言："虚心的人有福了，因为天国是他们的！"

可见，谦虚是东西方文化语境都认可和推崇的优秀品德。

跟谦虚相对应的就是傲慢，有些傲慢心重的人，心藏恶念，不知天高地厚，他们经常会说即使有恶果那又怎样，只要能如何如何，他宁愿如何如何之类的话。还有些人大言不惭地说什么心中有佛就可以了，或者说什么信者得救——只要信了某位神灵就可以得到拯救，然后面无愧色，去做各种卑劣之事。这些人往往自视渊博，自视智慧，不明白自己贪嗔痴慢加持下的各类行为会造成何等复杂的深远后果。在傲慢心的驱动下，他们有选择地吸取宗教教义的思想资源，为自己的认知体系寻找支撑，这其实是愚痴的一种表现，其结果就是强化了傲慢的"自我"，得不到真实的智慧。

由于人类喜欢伪装，彬彬有礼背后隐藏的傲慢，不太容易被发现。发现自己内心深处的傲慢，需要很强的治心功夫。

这一篇"谦德之效"，是后来被收录到《了凡四训》的，最初的是晚年了凡写给儿子袁天启谦虚做人的文章《谦虚利中》。"利中"，是指有利于科举考中的意思。这一部分主要聚焦当时读书人最关心的科举功名，所以篇幅比较短。

了凡在这一篇章里，向儿子讲述了发生在科举士子身上的谦虚故事。他根据自己多次参加科举考试的经历，发现一个规律：每次结伴投考，见到寒士将要发达，其人必有一段谦光洋溢的景象。

辛未计偕，我嘉善同袍凡十人，惟丁敬宇宾，年最少，极其谦虚。予告费锦坡曰："此兄今年必第。"

费曰："何以见之？"

予曰："惟谦受福。兄看十人中，有恂恂款款，不敢先人，如敬宇者乎？有恭敬顺承，小心谦畏，如敬宇者乎？有受侮不答，闻谤不辩，如敬宇者乎？人能如此，即天地鬼神，犹将佑之，岂有不发者？"

及开榜，丁果中式。

辛未年（1571）各地举子进京参加会试，嘉善县是全国有名的科举大县，此次赴考的同乡有十人之多。其中，只有丁宾年纪最轻，极其谦虚。了凡对一起参加考试的费锦坡说："此人今年必定登科。"费锦坡问："你怎么知道呢？"了凡说："惟谦受福。你看咱们十人之中，哪有忠厚诚实、恭敬让人，如丁宾这样的？哪有恭敬对人、一切顺受、小心翼翼、谦虚敬畏，如丁宾这样的？哪有受侮不答，闻谤不辩，如丁宾这样的？一个人能够做到这样，就是天地鬼神也会保佑他，怎么会有不发达的道理呢？"到了开榜，丁宾果然登科了。

丁宾，字敬宇，隆庆五年（1571）进士。他也是出身"草根"的平民，比了凡小十岁，首次参加乡试就中举，后来他们一道拜王阳明亲传弟子王畿为师。

丁宾是个有原则的官员。万历四年（1576），辽东巡按御史刘台因弹劾内阁首辅张居正被削籍为民。万历八年（1580），原辽东巡抚张学颜与刘台不和，诬告刘台贪污，张居正让丁宾以御史的身份往辽东搜寻刘台罪证，丁宾不愿落井下石，坚决拒绝了这个差使，得罪了张居正而丢官。万历十九年（1591），丁宾官复原职，升任南京右佥都御史兼提督操江、南京工部尚书，后累加至太子太保。

丁宾还是关心百姓疾苦的好官。丁宾在南京任职三十年，每有旱涝灾害，总是向朝廷报请赈济灾民，甚至捐出自己的家产。天启二年（1622），他捐一百亩肥沃的农田给嘉善学宫。天启五年

（1625），他捐三千石粟赈贫民，并拿出三千两银子送给不能缴纳赋税的穷人。他还捐出积蓄在家乡丁栅镇建造了5座桥梁。

了凡举的例子，都是谦光可掬的君子，在为官之道上，也都是正直廉洁的官员。这就是物以类聚，人以群分吧。

　　丁丑在京，与冯开之同处，见其虚己敛容，大变其幼年之习。李霁岩直谅益友，时面攻其非，但见其平怀顺受，未尝有一言相报。予告之曰："福有福始，祸有祸先，此心果谦，天必相之，兄今年决第矣。"已而果然。

　　丁丑年（1577），了凡在北京和冯开之住在一起，看见他的态度非常谦虚，跟幼年时的他大不相同。李霁岩为人很爽直，有时当面批评冯开之的不是。只见冯开之总是很平静地接受，没有一句反驳的话。"直谅益友"，出自《论语·季氏篇》："益者三友，损者三友。友直、友谅、友多闻，益矣。"

　　了凡对冯开之说："福有福的开端，祸有祸的预兆，此心真的能做到谦虚，表现在行动上，这是得福的开端，你今年绝对能中进士。"过了不久，果然如此。

　　这里说的冯开之，就是了凡的好友冯梦祯，字开之，号具区，又号真实居士，浙江秀水（今嘉兴）人。冯梦祯也出身"草根"平民，23岁乡试中举，和了凡同年中举。万历五年（1577）的会试中，高中榜首，一举夺得会元，并于殿试中，考得二甲第三名，选为庶吉士，进入翰林院。和前面讲的丁宾一样，冯梦祯也得罪了内阁首辅张居正，万历七年（1579），告归回乡，三年后，他又回到朝中任翰林院编修。万历十五年（1587），冯梦祯以"浮躁"之由被降级任用，之后的官场生涯多为闲官散职，倒也正合他的心意。冯梦祯是品茶大师，也是书画鉴赏收藏家，曾有缘得到一幅《江山雪霁图》，当时的鉴赏大家董其昌鉴定，确认为唐代大诗人、有"诗佛"之称的王维的真迹。因家藏王羲之的经典作品《快雪时晴帖》，冯梦祯将其书房取名为"快雪堂"，著有《快雪堂文集》64卷、《快雪堂漫录》1卷。

冯梦祯也是虔诚的佛教居士，与了凡共同参与了刊刻《嘉兴藏》的策划和出资。了凡70岁的时候，冯梦祯还专门写了一篇祝寿的文章，这篇《寿了凡先生七十寿序》盛赞了了凡的道德学问。

赵裕峰，光远，山东冠县人，童年举于乡，久不第。其父为嘉善三尹，随之任。慕钱明吾，而执文见之，明吾悉抹其文，赵不惟不怒，且心服而速改焉。明年，遂登第。

赵光远，号裕峰，山东冠县人，很早就中举，但过了很久，还没有中进士。他的父亲在嘉善县衙任主簿。赵光远随着父亲到嘉善，仰慕当地学者钱明吾，把自己的文章呈过去请教。钱明吾一看，这写得什么玩意儿，拿起毛笔把他的文章都涂抹了。赵光远不但不发怒，而且表示心服，并迅速纠正自己写文章的缺点。到了第二年，他就中了进士。

这里说的钱明吾，就是钱吾德，字湛如。从辈分上讲，比了凡还小两辈，他是了凡姑表兄钱晒的孙子、袁祥女婿钱荨的重孙子。钱吾德因文章知名，与了凡、冯梦祯被尊为"禾郡三名家"（历史上嘉兴府有嘉禾郡之称）。钱吾德也曾和了凡一道拜王畿为师，都是阳明心学的弟子。钱家是嘉善望族，人才辈出，钱吾德的从孙钱士升是万历四十四年（1616）状元，崇祯六年（1633）官至礼部尚书兼东阁大学士。

赵光远生于1551年，17岁中举人，万历十七年（1589）中进士。在举人和进士之间的会试考场，他比了凡还艰难，用时更长。他出仕后历任平谷、邢台、泾阳知县，以宽厚的治理风格深得民心。后因功升任户部郎中，又出任保定知府。退休后的生活也和了凡差不多，都参与了当地县志的编纂，在乡里之间口碑很好。

壬辰岁，予入觐，晤夏建所，见其人气虚意下，谦光逼人，归而告友人曰："凡天将发斯人也，未发其福，先发其慧。此慧一发，则浮者自实，肆者自敛。建所温良若此，天启之矣。"及开榜，果中式。

壬辰年（1592），了凡到北京觐见皇帝，遇着参加会试的嘉善老乡夏建所，见他心气和平，谦光动人。了凡对其他的友人说："一个将要发迹的人，福虽未至而慧先发，智慧一发，那轻浮的就转变为诚实，平时放肆的也就自然收敛了。建所的态度这样地谦和，上天一定会给他开启一个好前程。"等到开榜的时候，夏建所果然考中了。

夏建所即夏九鼎，字台卿，嘉善人。东林党领袖顾宪成的学生，官至安福知县，也是爱民如子、品行高洁、道德自律很严格的清官。

江阴张畏岩，积学工文，有声艺林。甲午，南京乡试，寓一寺中，揭晓无名，大骂试官，以为眯目。时有一道者，在傍微笑，张遽移怒道者。道者曰："相公文必不佳。"

张益怒曰："汝不见我文，乌知不佳？"

道者曰："闻作文，贵心气和平，今听公骂詈，不平甚矣，文安得工？"

张不觉屈服，因就而请教焉。

道者曰："中全要命，命不该中，文虽工，无益也。须自己做个转变。"

张曰："既是命，如何转变？"

道者曰："造命者天，立命者我。力行善事，广积阴德，何福不可求哉？"

张曰："我贫士，何能为？"

道者曰："善事阴功，皆由心造，常存此心，功德无量，且如谦虚一节，并不费钱，你如何不自反而骂试官乎？"

张由此折节自持，善日加修，德日加厚。丁酉，梦至一高房，得试录一册，中多缺行。问旁人，曰："此今科试录。"

问："何多缺名？"

曰："科第阴间三年一考较，须积德无咎者，方有名。如前所缺，皆系旧该中式，因新有薄行而去之者也。"

后指一行云："汝三年来，持身颇慎，或当补此，幸自爱。"是科果中一百五名。

看似不起眼的地方，往往可能隐藏有高人。1924年，在北大哲学系任教的著名学者梁漱溟因严重失眠，住进北京万牲园（今北京动物园）内一个破旧的寺庙里养病。有一次他与寺庙的省圆法师谈及在北大讲授印度哲学，其中包括佛教时，老和尚正色批评他："你不要胡说八道，你懂什么？"梁漱溟非常钦佩这位老和尚的智慧和直率，他们相处几十天，梁漱溟受益匪浅，他后来对人说，除了这位批评过他的老和尚，"我一生佩服的再没有见过第二人"。

了凡接下来也讲了一段发生在佛寺里的智慧对话——

江阴张畏岩，学识很渊博，善于写诗作文，在文人学子中颇有声誉。甲午年（1594）在南京参加乡试，他寄宿在佛寺里，发榜时看到没有自己的名字，就大骂考官瞎了眼睛。当时有一位道人在旁微笑。张畏岩就迁怒于他，估计是呵斥人家笑什么笑，为啥幸灾乐祸。

那位道人说："相公的文章，一定写得不咋地。"张畏岩听了火冒三丈："你没见过我的文章，怎么知道我写得不好呢？"

道人说："听说写文章贵在心气平和，现在听到你在骂人，满腹牢骚，心气不平极了，文章怎么写得好呢？"这话说得实在是有道理。

张畏岩也是聪明人，明白人家讲得有道理，不得不服，就向对方谦恭请教。

道人说："科举考中，全得靠命，命不该中，文章虽做得好，也没用。你今后需要自己做个转变。"

张畏岩问："既然是命中注定，怎么能够转变呢？"这问题，和了凡当年问的何其相似。

道人的回答可谓至理名言："造成先天命运的，是你自己前世所作所为形成的业报，决定后天命运的，也是你自己。只要尽力做善事，广积阴德，有什么福不可求得呢？"这话，和云谷禅师讲的何其相似。这位道家的高人也见解不凡。

张畏岩说："我是穷人，没钱怎么行善呢？"这话，说的就是典型的"贫贱布施难"。

道人说："善事阴功都由心造，常存善心功德无量。且如谦虚一节，并不费钱，你为什么不责怪自己不够努力，反而骂考官呢！"

张畏岩非常佩服道人的话。从此降低自己的姿态，加强道德操守的自律。他每天都积累善行，品德境界也日益提升。

丁酉年（1597），张畏岩梦到在一所大的房屋里，得到一份名册，其中有好多行是空白的。于是他问旁边的人。有人说，这是今年科举的录取名册。张畏岩接着又问："为什么有这许多缺名呢？"那人回答说："阴间对于科第每三年有一次考核，积德而没有过失的人，在上面才有名字。这一册中所缺的，都是本该中试，却因为最近有了缺德的行为而被删去的。"那个人后来又指着一行说："你三年来修德很谨慎，有可能填补这一空白，你要好好自爱。"这一届考试，张畏岩果然考中举人，名列一百零五名。

许多人做善事，尤其是布施捐赠，真的是不容易。要积功德，总有各种因缘阻拦，比如会有一些"大聪明"提醒不要去做，讲得还挺有道理，比如你要放生，就会遇到"大聪明"阻碍你，说什么别人放生如何做得不好，说什么放生也活不久，或者劝你随缘不要勉强，"大聪明"一年到头也不放一次生，却表现得像个放生专家，总之让你在放生这件事上做不成，表面上看是帮你避免做错事，实际上是阻碍你做好事——其实，别人放生没做好，跟你有啥关系，哪有劝人不去行善的"大聪明"？如果真的有心，"大聪明"就应该和你一起研究如何克服困难把放生这件事情做圆满。这里只是拿放生举例，其他善事也是如此，这就是古人常讲的一种"业障"，人家就是要干扰你行善。假如实在没钱做放生布施之类的善事，也一样可以积累福报，保持谦虚之心，就可以积累福报。修道之士告诉张畏岩的这句"善事阴功，皆由心造，常存此心，功德无量，且如谦虚一节，并不费钱"，可作为智慧格言，反复领悟。

由此观之，举头三尺，决有神明，趋吉避凶，断然由我。须使我存心制行，毫不得罪于天地鬼神，而虚心屈己，使天地鬼神，时时怜我，方有受福之基。彼气盈者，必非远器，纵发亦无受用。稍有识见之士，必不忍自狭其量，而自拒其福也，况谦则受教有地，而取善无穷，尤修业者所必不可少者也。

古语云："有志于功名者，必得功名；有志于富贵者，必得富贵。"人之有志，如树之有根，立定此志，须念念谦虚，尘尘方便，自然感动天地。而造福由我，今之求登科第者，初未尝有真志，不过一时意兴耳。兴到则求，兴阑则止。

孟子曰："王之好乐甚，齐其庶几乎？"予于科名亦然。

世人都渴望成功，成功要靠什么呢？心量有多大，福报就有多大，成功就有多大。

讲了前面几个故事之后，了凡总结：由此看来，举头三尺，是必定有神明的，趋吉避凶，断然由我自己做主。了凡的态度很明确，头顶三尺有神明，可以起到监督作用，但是，神明不是能决定命运的主要因素，我的命运我自己做主。

他说，必须有意约束自己的行为，不能得罪于天地鬼神，保持虚心、降低姿态，让天地鬼神经常喜欢，才是受福的基础。凡是骄傲自满的人，必定不是前程远大的器量。即使发迹，也不能长久受用福报。稍有见识的人，必定不能甘于狭小的心量，而拒绝承接他的福报。况且只有谦虚才有机会受到别人的指教，从而能获益无穷，这是求学进德所必不可少的！

古人说："有志于功名者，必得功名；有志于富贵者，必得富贵。"这古人是谁，不太好查，了凡没明说。《药师经》有云："随所乐求，一切皆遂：求长寿得长寿，求富饶得富饶，求官位得官位，求男女得男女。"了凡解释，人之有志，如同树之有根。立定此志，要念念谦虚，处处方便，自然能感动天地。"念念谦虚，尘尘方便"，是化用佛教语句，北宋大诗人苏东坡也有诗句"念念自成劫，尘尘各有际"。

了凡再次强调：人生的幸福，要由自己做主！现在求功名的，开始未必有真心，不过一时起意在兴头上，兴头来了就求，兴头散了就算了。以前的儒圣孟子曾说，"齐宣王这么喜欢音乐，（如果能与民同乐的话），齐国应该能治理得差不多吧"。了凡说，他对科举功名的理解也是这样的。他引用孟子这句话，想说的意思是：科举考试追求功名的士子们，只为自己求功名，境界就太低了，要为苍生谋利益，要发大愿，要有博大的情怀、利他的善念，才有更强大的动力，才能取得更好的成绩和更大的利益。

这一章节，了凡所举的例子都是科举士子因谦受福的故事，事实上"谦德"还有更多丰富的内涵。

西汉学者韩婴的《韩诗外传·周公诫子》中总结了六条谦德的重要性："德行宽裕，守之以恭者，荣；土地广大，守之以俭者，安；禄位尊盛，守之以卑者，贵；人众兵强，守之以畏者，胜；聪明睿智，守之以愚者，哲；博闻强记，守之以浅者，智。夫此六者，皆谦德也。夫贵为天子，富有四海，由此德也。不谦而失天下，亡其身者，桀、纣是也。"

西汉史学大家司马迁在《史记·太史公自序》中讲述了"景公谦德，荧惑退行"的故事。在司马迁的眼里，宋景公是一位谦恭仁德爱民的君王，"荧惑"的灾象也为之退行。据《史记·宋微子世家》记载，宋景公三十七年，即前480年，楚惠王灭掉了陈国不久，宋国上空突然出现了火星（即荧惑）侵入心宿星区的现象。根据传统的星相理论，这预示着国家或君主将会有灾难降临。后世出现"荧惑守心"天相之后很快死去的帝王并不少，其中有秦始皇嬴政、汉成帝刘骜、魏文帝曹丕等。《吕氏春秋·制乐》中对这件事情的记载较为详细：宋国主管观察星相、研究天文的司星官子韦将"荧惑"上报之后，宋景公召见子韦商议对策。子韦说可以请人作法，请灾难转移到相国身上，景公说相国是我的股肱手足，是帮助我一起治理国家的人，我怎么可以将灾祸转移给他呢？子韦又说可以转移到百姓身上，景公正色道："百姓是一国之根本，国君因百姓而存在，寡人宁肯自己去死！"子韦又说可以将灾祸转移到庄稼收成上，宋景公厉声说道："国以民为本，民以食为天，农业收成受到损害，百姓就会因遭受饥荒或死或亡，这就等于间接地杀害他们。如果灾祸真的降到我身上，这说明我的命数已经到头了，我认了。"子韦听了景公的话，深深地向他拜了下去："恭贺大王！臣听说天帝虽居于高处，却可以听到和看到人世间的一切，您刚才的三次回答，符合最高尚的道德，上天一定会奖赏您三次，今夜火星也一定会后退三舍，您可以延寿二十一年。"见景公有些不大相信，子韦又说："我请求今夜守候在宫殿台阶之下观察火星，如果火星不后退，臣甘愿受死！"午夜时分，侵入心宿的火星果然后退了三舍，离开了心宿的范围。

《吕氏春秋》和《史记》都是严肃的历史著作，宋景公的谦德和仁爱之心是历史公认的，"荧惑退行"的故事里，还有一个司星官子韦也是难得的高人，他居然能通过宋景公的一席话，判断出星象上必然发生的奇迹。这既是一种特殊的感应能力，也可视为一种坚定的文化自信——至诚的谦德，可以格天，可以改变命运。

一手创办两家世界 500 强企业的日本"经营之圣"稻盛和夫，深受《了凡四训》影响，他将"谦虚"列为"六项精进"的第二条。他认为，谦虚是最重要的人格要素，"要谦虚，不要骄傲"并非只针对成功后骄傲自大的人，而是要求经营者在小企业成长为大企业的整个过程中，始终保持谦虚的态度。

"年轻的时候，我知道了中国的一句古话：'惟谦是福'。不谦虚就不能得到幸福，能得到幸福的人都很谦虚。从京瓷还是中小企业的时候起，我就崇尚谦虚。公司经营顺利，规模扩大，人往往会翘尾巴，傲慢起来，但我总是告诫自己，绝对不能忘记'谦虚'二字。"稻盛和夫说，"'惟谦受福'是一句非常重要的格言，我下决心信守这句格言。在这个世界上，有些人用强硬手段排挤别人，看上去也很成功，其实不然。真正的成功者，尽管胸怀火一般的热情和斗志，但他们同时也是谦虚的人、谨慎的人。"在稻盛和夫看来，谦虚的举止和谦虚的态度是人生中最重要的资质。人们往往会在取得成功地位上升之后，忘了谦虚，变得傲慢。这时候，"要谦虚，不要骄傲"就变得更加重要，在取得成绩的时候，时刻提醒自己——"要谦虚，不要骄傲"才能够取得更大的成功，保持谦虚，就是保持自己不断进取的心。

稻盛和夫强调，"谦受益"是中国古话，谦虚的心能唤来幸福，还能提升心性。骄傲招人讨厌，给人带来懈怠和失败。才能是上天所赐，将自己的才能用于为"公"是第一义，用来为"私"是第二义，这是谦虚这一美德的本质所在。

越是厉害的人，越谦虚。越是优秀的人，越谦虚。越是身居高位的人，越谦虚。古代的帝王都用最糟糕的称呼来自称，比如孤、寡、不谷（不好、不幸）。中国圣贤老子在《道德经》中告诫："人之所恶，唯孤、寡、不谷。而王公以为称。故物或损之而益，或益之而损。人之所教，我亦教人。强梁者不得其死，吾将以为教父。"这句话讲得很犀利，老子说，"强梁者不得其死"，他要将这句话，作为一切教诲的开端和源头。

老子倡导人们用低调谦虚的心态去为人处世："江海所以能成为百谷王者，以其善下之，故能为百谷王。""不自见，故明；不自是，故彰；不自伐，故有功；不自矜，故长。夫唯不争，故天下莫能与之争。"他说，善于做武士的不逞强，善于指挥战斗的不会被对方激怒，善于战胜敌人的不夸耀自己的胜利，善于用人的要保持谦卑，这才叫作"不争之德"，这才叫作"用人"，这才叫作"配天"，这是自古以来的最高标准（"善为士者不武，善战者不怒，善胜敌者弗与，善用人者为之下。是谓不争之德，是谓用人之功，是谓配天古之极也"）。

印光大师开示，"圣贤千言万语，无非欲人反省克念，俾吾心本具之明德，不致埋没，亲得受用耳。但人由不知因果，每每肆意纵情。纵毕生读之，亦只学其词章，不以希圣希贤为事，因兹当面错过。了凡先生训子四篇，文理俱畅，豁人心目。读之自有欣欣向荣，亟欲取法之势。洵淑世良谟也"。这段话，出自印光大师向社会大众倡印《了凡四训》时所作的序言。在他看来，《了凡四训》讲述的道理，堪称济世良法。

2024 年龙年春节期间，本书的写作进入收尾阶段。虽说是新年新气象，但世界上依然有许多并不新鲜的事情一直持续，比如还有国家处于战争状态，贫穷、饥饿、腐败和社会不公，依然在全球范围内广泛存在。世界卫生组织就"X 疾病"暴发的可能性发出公开警告，声称新的病原体和流行病的暴发只是"时间问题，而不是是否会暴发的问题"。

这个世界会好吗？经常有人提出这个问题。世界会不会好，要看人们怎么想和怎么做。

换句话讲，这是一个"怎么看"与"怎么办"的问题。

只要人类的贪婪还在，这个世界就必然会有巧取豪夺；只要人类的嗔恨还在，这个世界就必然会有冤冤相报；只要人类的愚痴还在，这个世界就必然会有物欲横流；只要人们的傲慢还在，这个世界就必然会有特权凌驾。

每个人都有梦想。从古至今，历史上从不缺乏试图征服世界、改造世界的斗士与勇士。最需要征服和改造的世界，其实是我们的内心世界。

能够正视自己的缺点与不足、积极改正自己的过失与错误的，都是难得的智者。智者都是谦虚的，谦虚既是一种智慧，也是一种美德。许多人能够发现自己的贪嗔痴，却不愿承认自己的傲慢，因为他们觉得自己很谦虚，这种情况往往是出于对谦虚的某种误解。傲慢的人们不能正确地认识自己，对自己应该占有和享受的事物，会产生过度的预期，如果达不到预期，就会产生嗔怒和愤恨。为了实现过度的预期，他们常常不择手段。因此，傲慢是愚痴的产物，又会滋养和助长贪嗔痴等恶意，进而催生杀盗淫妄等恶行。

控制自己的欲望、跟自己的贪嗔痴慢作战，才是世界上最惊心动魄的战争。

能够"防意如城"、战胜心中魔鬼的人，才是世界上最伟大的英雄。

了凡就是这样的英雄，他的一生，无论在民间还是官场，每天都在和自己的欲望做斗争，努力破除对物欲和虚名的执着，努力实现道德的提升和灵魂的净化。

《了凡四训》就是一位古代的仁人君子留给后人的精神遗嘱，希望人们能够通过改正错误、积累善行、加强道德自律来掌握命运。了凡被算命高手精准预测的命运，就是通过持之以恒的改过积善，从而发生突破性的变化。了凡先生继承和发扬了中华文化的优良传统，在追求真理的过程中，遵循宇宙生命亘古不移的善恶有报的反作用力法则，从而完成了改造命运的艰巨工程。

掌握自己的命运不是一件容易的事情。就以了凡所在的大明王朝为例，许多权谋高手在官场叱咤风云，却得不到善终。就连对臣民拥有生杀予夺之权的皇帝，也一样不能完全掌握自己的命运。大明王朝被推翻之后，许多朝廷贪官聚敛的巨额家产，被李自成率领的造反队伍所没收，但李自成也一样掌握不了自己的命运，他的政治光芒如同流星一般，只经历了短暂的璀璨之后就沉寂下去。了凡先生在 1606 年去世，三十多年后清军入关，江南地区再次笼罩在战争与死亡的阴影之下。了凡的养子叶绍袁晚年值遇王朝更替，进入颠沛流离的逃亡生涯。纵观历史，人们能活在太平年景，没有战争、瘟疫和饥荒，能够平平安安地活着，就已经很幸运。

这个世界充满傲慢与偏见，难免有各种各样的对抗、霸凌与战争。对普通人而言，改变世界和改变别人都是不可能完成的任务，但起码可以先改变自己，先从约束自己的贪婪欲望做起，先从尊重别人的合法利益做起，积德行善并不吃亏，因为人在做，天在看。如果人人都能做到自立自强，人人都能诚信守法，人人都能宽容礼敬，这个世界会变得更加和谐美好。

道理人人会讲，关键是落实践行。如果人人都能像了凡先生那样知行合一，几十亿人民尽为尧舜，这个世界会好吗？当然，一定会好。

龙年春节，撰写这部书稿时，笔者追思感念了凡先生的巍巍功德，写下两首七律与师朋亲友共贺新年，录之如下，作为书稿结尾——

其一

一入红尘众苦煎，诸君厚爱润心田。

平心静气祈无病，改命回天念了凡。

六字洪名无上咒，累生过患口头禅。

有缘同道自兹去，胜友如云共展颜。

其二

上热下寒几十年，灸完身柱补丹田。

已知业障如山重，不忍情结似海冤。

半世歧途增慧命，一声佛号近乡关。

青龙黑兔交接处，离火腾腾照九天。

草拟于甲辰春节

1.〔明〕袁了凡.袁了凡文集 [M].北京：线装书局，2006

2.〔明〕袁了凡.中华经典随笔：了凡四训 [M].北京：中华书局有限公司，2008

3.〔明〕袁黄.训儿俗说 [M].林志鹏，华国栋译注.上海：上海古籍出版社，2020

4.〔明〕袁黄.宝坻政书 [M].天津：天津古籍出版社，2019

5.〔明〕袁黄.祈嗣真诠 [M].北京：中国中医药出版社，2015

6.〔明〕袁黄.游艺塾文规 [M].武汉：武汉大学出版社，2015

7.〔明〕袁黄.可·为：广行释讲了凡四训 [M].北京：社会科学文献出版社，2018

8.王雷泉.王雷泉讲国学：了凡四训 [M].上海：上海古籍出版社，2023

9.严蔚冰、严石卿.大医袁了凡 [M].北京：中国科学技术出版社，2023

10.杨越岷.袁黄传 [M].上海：上海三联书店，2021

11.徐春燕.了凡四训泽后世·嘉善居士袁黄 [M].郑州：大象出

版社，2022

12. 冯贤亮 . 明清之际的江南社会与士人生活 [M]. 上海：上海书店出版社，2021

13.〔美〕包筠雅 . 功过格：明清时期的社会变迁与道德秩序 [M]. 杜正贞，张林译 . 上海：上海人民出版社，2021

14.〔日〕酒井忠夫 . 中国善书研究 [M]. 刘岳兵，何英莺，孙雪梅译 . 南京：江苏人民出版社，2020

15. 南怀瑾 . 论语别裁 [M]. 上海：复旦大学出版社，2019

16. 南怀瑾 . 宗镜录略讲 [M]. 上海：复旦大学出版社，2017

17. 南怀瑾 . 圆觉经略说 [M]. 上海：复旦大学出版社，2007

18.〔日〕稻盛和夫 . 六项精进 [M]. 周征文译 . 北京：东方出版社，2015